TOP MODEL

BMW série 02, l'enfant prodige de Munich

Xavier Chauvin

E.T.A.I

SOMMAIRE

1957 : futur champion de Formule 1, le pilote britannique John Surtess pose au volant
de la légendaire BMW 507, la grande rivale de la non moins mythique Mercedes-Benz 300 SL.
(BMW Group Archiv)

INTRODUCTION

Exsangue au lendemain de la Seconde Guerre mondiale, la marque éprouve bien des difficultés à renaître de ses cendres. Un parcours pour le moins chaotique, avec de mauvais choix stratégiques et des modèles chers peu adaptés au marché. Lourdement endettée, la firme frôle la faillite à plusieurs reprises, et ce malgré les qualités intrinsèques de ses productions.

LES ORIGINES

Fondée en 1916, la Bayerische Motoren Werke (Manufacture bavaroise de moteurs) est une usine spécialisée dans la fabrication de moteurs d'avions. Très impliquée dans l'effort de guerre, l'entreprise doit renoncer temporairement à toute activité aéronautique et militaire à la fin du conflit, le traité de Versailles interdisant le réarmement de l'Allemagne vaincue. Le pays est alors en proie aux plus grandes difficultés économiques et la firme bavaroise n'a d'autre choix que de se reconvertir dans le domaine de la motocyclette. Si la commission d'armistice l'autorise à reprendre la production de moteurs d'avions dès 1924, BMW cherche cependant à diversifier ses activités et rachète l'usine Dixi d'Eisenach en 1928. Cette marque assemble alors sous licence l'Austin Seven, à l'instar de Rosengart en France et de Bantam aux États-Unis. Une petite voiture basique particulièrement bien adaptée au contexte économique morose, dont BMW poursuit la fabrication. La sympathique 3/15 ex-Dixi rencontre un réel

L'usine de Munich en 1930. Notez la piste d'essais contiguë aux bâtiments. Déjà, le souci de la performance… (Photogrammetrie/BMW Group Archiv)

succès commercial. Ce qui incite les ingénieurs à concevoir leurs propres modèles, plus aboutis que la rustique Britannique, une fois le contrat de licence échu. Ainsi, la première "vraie" BMW voit le jour en 1932. Fabriquée à Munich et non plus à Eisenach, la petite 3/20 cache sous son allure pataude un tout nouveau quatre-cylindres à soupapes en tête, au rendement prometteur, lorsque son antique devancière devait se contenter d'un bloc latéral. Elle est épaulée dès l'année suivante par la 303, une six-cylindres en ligne de seulement 1 182 cm^3, extrapolation du moteur de cette dernière. Trop peu performante, la timide 303 est elle-même rapidement remplacée par la 315, dont le six-cylindres, réalésé à 1 490 cm^3, permet enfin de franchir le cap fatidique des 100 km/h. Ses indéniables qualités techniques lui assurent de bonnes ventes, avant qu'elle ne soit supplantée à son tour par la 319, lancée en 1935, qui est capable de rouler à 120 km/h dans ses déclinaisons les plus performantes.

Construit en 1929, ce Focke-Wulf Fw A 21 est motorisé par un moteur BMW V12 VI. (BMW Group Archiv)

Fabriquée entre 1923 et 1926, la R 32, première moto de la marque, connaîtra un grand succès commercial, avec 3 090 unités assemblées. (BMW Group Archiv)

En novembre 1928, BMW prend le contrôle de l'usine Dixi d'Eisenach, qui assemble la petite Austin Seven sous licence. La firme effectue ainsi ses premiers pas en tant que constructeur automobile. (BMW AG/BMW Group Archiv)

Timide évolution de la 3/15 ex-Dixi, la 3/20, lancée en mars 1932, peut être considérée comme la première "vraie" BMW. (BMW AG/BMW Group Archiv)

Présentée au Salon de Berlin 1933, la 303 est la première BMW à recevoir un six-cylindres. Sa vitesse de pointe modeste, de l'ordre de 90 km/h, reste insuffisante pour un modèle de cette catégorie. (BMW AG/BMW Group Archiv)

Dès 1934, l'usine rectifie le tir en lançant la 315, qui passe enfin la barre fatidique des 100 km/h. (BMW AG/BMW Group Archiv)

Plus véloce que la 315, la 319 – ici une rare version découvrable – supplante rapidement son aînée. (BMW Group Archiv)

Version sportive de la 319, le roadster 319/1 trône en vedette sur le stand BMW du Salon de Berlin 1934. Le roadster 315/1 arbore quant à lui des optiques curieusement placées sur la partie supérieure de la calandre, un traitement stylistique plutôt inhabituel. (BMW Group Archiv)

Commercialisée en 1936, la berline 326 se distingue par son élégance et ses performances flatteuses. La *Neue Klasse* avant la lettre ? (BMW AG/BMW Group Archiv)

Le superbe cabriolet 327 dérivé, sans conteste l'une des plus belles réalisations de la firme avant guerre. Parmi ses plus illustres et insolites propriétaires, un certain Boris Vian… (BMW AG/BMW Group Archiv)

Présentée en 1936, l'élégante berline 326, la plus aboutie de la lignée, se distingue par sa sophistication technique et ses performances de tout premier plan. Elle va bientôt donner naissance aux coupés et cabriolets 327, deux modèles de Grand Tourisme avant la lettre, mais surtout au mythique roadster 328. Référence sportive absolue de l'immédiat avant-guerre, la 328 cache sous son capot l'excellent six-cylindres en ligne de 1 971 cm^3 conçu par l'ingénieur Fritz Fiedler. Une mécanique de race réputée pour sa fiabilité et son rendement très élevé, qui développe 80 ch en configuration de série, mais qui peut fournir près de 130 ch lorsqu'elle est préparée pour la compétition. Pesant à peine plus de 800 kg en ordre de marche, le roadster 328 strictement de série atteint près de 160 km/h, une vitesse de pointe exceptionnelle pour un véhicule de 2 litres de cylindrée. La voiture s'illustre dans les plus grandes épreuves internationales avant que le second conflit mondial n'éclate. Paradoxalement, les Français ne découvrent vraiment les qualités techniques des productions de la firme bavaroise qu'à la Libération. En ces temps de pénurie, nombre de véhicules de l'armée allemande ont été récupérés par l'administration française, sinon par de simples particuliers :

Le roadster 328, chef-d'œuvre parmi les chefs-d'œuvre, va définitivement consacrer la marque grâce à ses multiples victoires en compétition. Surprise ici à Hockenheim en 1938, la voiture n° 5, pilotée par Otto Unzner, s'empare de la première place. (BMW AG/BMW Group Archiv)

Fer de lance des unités de reconnaissance de la Wehrmacht, le side R75 va paradoxalement faire connaître la marque en France, beaucoup d'exemplaires ayant été repris à l'occupant après la Libération. (BMW Group Archiv)

camions, voitures d'état-major, motos et side-cars. Parmi lesquels évidemment beaucoup de BMW... En outre, l'excellent six-cylindres de la 328 est désormais assemblé par l'avionneur anglais Bristol – au titre des dommages de guerre –, qui va concevoir une toute nouvelle voiture de sport inspirée par la BMW. Le bloc bavarois va connaître une carrière prolifique en compétition jusqu'au tout début des années 1960, animant également les Frazer-Nash ou le roadster AC. Importateur pour la France, l'incontournable André Chardonnet va largement contribuer à construire la renommée de ce moteur exceptionnel.

Placée en zone d'occupation soviétique, l'usine d'Eisenach reprend la fabrication de la berline 326 d'avant guerre à peine modifiée, sous l'appellation EMW 340. (Hans Pannicke/BMW AG/ BMW Group Archiv)

UNE RENAISSANCE DIFFICILE

En 1945, BMW tente de reprendre ses activités dans une Allemagne complètement dévastée. L'usine de Munich a été en partie détruite par les bombardements et nécessite d'importants travaux pour redevenir pleinement opérationnelle. Située dans la zone d'occupation soviétique, l'usine d'Eisenach recommence à assembler à petite cadence motos et voitures sans l'aval de la maison mère. Il s'ensuivra un long procès entre les deux entités avant que ces véhicules n'abandonnent enfin l'ancien écusson pour être rebaptisés EMW (Eisenach Motoren Werke). Dans l'intervalle, la firme survit en fabriquant des articles ménagers avant de pouvoir redémarrer la production de motos, autorisée en 1948 par les autorités d'occupation. Sous l'égide de l'ingénieur Alfred Böning, le bureau d'études conçoit la BMW 531, un petit coach deux portes inspiré par la Fiat Topolino, dont le bloc-moteur de 600 cm^3 est emprunté aux motos de la marque. Mais l'usine en pleine reconstruction pâtit d'une capacité de production encore très faible, et le projet est bien vite abandonné, faute de rentabilité. Le directeur commercial Hans Grewenig estime en effet qu'un modèle de luxe générerait davantage de bénéfices, notamment sur les marchés d'exportation, le pays ayant cruellement besoin de devises. Le bureau d'études concentre donc ses efforts sur la mise au point de la berline 501, dévoilée officiellement lors du Salon de Francfort 1951. La nouvelle venue arbore une robe semi-ponton assez lourde due au crayon du styliste maison Peter Szymanowski. La direction vient en fait de décliner une proposition de Pinin Farina, considérée comme trop proche de l'Alfa-Romeo 1900, rivale déclarée de la future BMW. Établie sur un robuste châssis séparé, la 501 reprend le six-cylindres 2 litres de la 326 poussé à 65 ch DIN, qui entraîne péniblement les 1 340 kg de l'engin à 135 km/h. Cette vitesse de pointe décevante, plombée par des reprises anémiques, écorne singulièrement

Animé par un moteur de 600 cm^3 emprunté aux motos de la firme, le prototype 531 est rapidement abandonné, faute de rentabilité. (BMW AG/BMW Group Archiv)

Première vraie nouveauté de l'après-guerre, l'opulente 501 pèche par son tarif trop élevé et ses performances insuffisantes. (BMW Group Archiv)

Dotée d'un puissant V8, la 502 fait largement oublier les faiblesses de son aînée. Berline statutaire par excellence, la grosse BMW domine désormais la file de gauche des autoroutes. (Karl Attenberger/ BMW AG/BMW Group Archiv)

la réputation sportive de la firme bavaroise : la 501 s'avère moins performante que sa brillante aïeule, malgré les quinze ans qui les séparent. Par ailleurs, la berline BMW s'affiche à des tarifs prohibitifs, supérieurs à ceux de la nouvelle Mercedes-Benz 220, qui bénéficie d'une image autrement plus prestigieuse.

Pour ne rien arranger, la mise en place des chaînes de production a pris du retard, et les premiers exemplaires de série ne sont livrés qu'à l'automne 1952. Beaucoup de précommandes ont été annulées entre-temps, mettant à mal la trésorerie de l'entreprise. Malgré quelques améliorations de détail et une modeste augmentation de puissance – le six-cylindres est poussé à 72 ch DIN –, la clientèle se fait de plus en plus rare. L'équipe d'Alfred Böning tente de rectifier le tir en étudiant un tout nouveau moteur V8, inspiré, dit-on, par le célèbre Oldsmobile Rocket, référence en la matière. Doté d'un arbre à cames en tête, ce bloc en alliage léger de 2 580 cm^3 délivre une puissance de 100 chevaux DIN, propulsant la lourde berline à près de 160 km/h. Le très controversé "ange baroque" (son surnom outre-Rhin) a enfin les moyens de ses ambitions. Dévoilée à l'automne 1954, cette 501 V8 est très vite rebaptisée 502. Aisément reconnaissable à sa curieuse lunette arrière panoramique, la 502 supplante très rapidement sa malheureuse aînée, condamnée à faire de la figuration en jouant les entrées de gamme. Dès l'année suivante, une 502 Super, plus élitiste encore, entre en scène. Réalésé à 3 168 cm^3, le V8 fournit désormais 120 ch DIN, la vitesse de pointe atteignant maintenant plus de 160 km/h. Cette version ultra-luxueuse recevra par la suite des moteurs toujours plus puissants, de 140 à 160 ch DIN selon les versions. Nonobstant son allure surannée, la 502 règne sans partage sur les autoroutes germaniques. L'impressionnante BMW devient ainsi la berline allemande la plus rapide de série – elle frise les 190 km/h chrono –, surclassant même la statutaire limousine Mercedes-Benz 300. Un titre de gloire éphémère qui lui permet même d'intégrer les rangs de la prestigieuse police autoroutière allemande, mais qui ne relance pas pour autant les ventes, son prix n'ayant cessé d'augmenter au fil des millésimes. L'opulente 502 poursuit donc une carrière très confidentielle, les dernières unités tombant de chaîne à la fin du millésime 1961. En presque dix ans d'existence, 14 825 berlines six-cylindres ont été construites, contre seulement 6 982 berlines V8. L'échec est consommé…

LE GRAND ÉCART

Moteur noble par excellence, l'onctueux V8 de la berline 502 incite l'usine à lancer l'étude d'un modèle de Grand Tourisme destiné en priorité au marché américain, véritable Eldorado sur lequel la marque cherche évidemment à s'implanter. Très influent, le célèbre importateur new-yorkais Max Hoffman, qui distribue déjà Porsche et Mercedes-Benz outre-Atlantique, présente à la direction le comte Albrecht Goertz. Formé dans les studios de Raymond Loewy, ce designer réputé va s'appliquer à dessiner l'ultra-classique 503 : établie sur le châssis de la berline, cette BMW statutaire – un peu trop discrète, peut-être – est déclinée en coupé et en cabriolet. Sous son capot gronde le V8 3 168 cm^3 en configuration 140 ch. Très lourde malgré ses panneaux de carrosserie en aluminium – 1 500 kg à vide –, la 503 accroche les 190 km/h chrono, à peine plus que la berline équipée du même bloc. Présentée au Salon de Francfort 1955, elle ne déclenche guère l'enthousiasme escompté. Son prix trop élevé et son allure un peu guindée la condamnent en effet à une diffusion symbolique. L'usine tente de rectifier le tir en lançant dans la foulée le sublime roadster 507, dont les lignes sensuelles sont également l'œuvre d'Albrecht Goertz. Plus véloce que la 503, le roadster 507 profite d'un moteur poussé à 150 ch DIN et d'un empattement raccourci de 35 cm, favorisant la maniabilité. Plus légère aussi, la 507 dépasse les 200 km/h en vitesse de pointe. Mais la BMW coûte près de 10 000 $ sur le marché américain, soit l'équivalent de deux Cadillac neuves, haut de gamme américain par excellence. Elvis Presley, Alain Delon et Jean Marais se portent acquéreurs. Un succès d'estime qui ne fait pas pour autant décoller les ventes : on verra davantage de 507 dans les pages des magazines people que sur les routes. Auréolées de leurs nombreuses victoires en compétition, la Mercedes-Benz 300 SL et la Ferrari 250 GT Europa s'avèrent bien plus puissantes et bien plus rapides que leur concurrente, pour un tarif à peine supérieur. Trop ambitieux, le constructeur bavarois s'est encore engagé dans une voie sans issue. La série 503/507 se retire discrètement du catalogue en 1959. Seuls 273 coupés et 139 cabriolets 503 ont trouvé preneur, contre 254 roadsters 507.

Étroitement dérivés de la berline 502, les coupés et les cabriolets 503 ciblent ostensiblement une clientèle très élitiste. Très chers, ils ne connaîtront guère le succès, malgré une construction particulièrement soignée. (Schramm et Dorland/BMW AG/BMW Group Archiv)

Construit en seulement 254 unités, le sublime roadster 507 hante cependant les pages de tous les magazines people de l'époque, lorsque le GI Elvis Presley, qui effectue alors son service militaire en Allemagne, en achète un exemplaire. (BMW Group Archiv et BMW AG/BMW Group Archiv)

La firme compense tant bien que mal ses pertes grâce à l'insolite Isetta, assemblée sous licence Iso Rivolta à partir de 1955. Le marché de la voiturette s'avère particulièrement concurrentiel outre-Rhin, où la minuscule BMW affronte les spécialistes du genre, tels Heinkel, Lloyd ou Messerschmitt. Si l'Isetta sauve temporairement la trésorerie du constructeur, déjà bien mal en point, elle contribue hélas à ternir quelque peu son image prestigieuse. Voir figurer l'écusson de la marque sur un véhicule aussi minimaliste déstabilise certains, qui ont plutôt en tête l'élitiste gamme V8. L'entreprise est au bord de la faillite et Mercedes-Benz se porte candidat au rachat des usines du groupe. Les principaux actionnaires de BMW, Harald et Herbert Quandt, s'y opposent en rachetant le maximum de titres possible. Dans le même temps, Wolfgang Denzel, l'importateur officiel autrichien, propose à la direction d'habiller la pataude 600 – une évolution

Assemblée sous licence Iso Rivolta, l'originale Isetta se vend honorablement, sauvant momentanément l'usine de la faillite. Surpris dans les rues de New York, Cary Grant semble très satisfait de son véhicule. (BMW AG/BMW Group Archiv)

Nonobstant ses indéniables qualités, la voiturette 600, version améliorée de l'Isetta, n'a guère de chances de s'imposer face à l'écrasante domination du géant Volkswagen. (BMW Group Archiv)

Dessinée par Giovanni Michelotti, la gracile 700, saluée par la presse spécialisée, laisse augurer des jours meilleurs pour son constructeur, alors en grande difficulté financière. (BMW AG/BMW Group Archiv)

Surpris ici lors du rallye de Monte-Carlo 1961, le coupé 700 remporte de nombreux succès en compétition, malgré sa puissance modeste. (BMW Group Archiv)

de l'Isetta offrant quatre places – d'une carrosserie plus élégante, ce qui permettrait à la firme de relancer la carrière du modèle, dont les ventes commencent à fléchir de manière inquiétante. La prospérité revenue à l'aube des années 1960, ce type de véhicule suscite de moins en moins d'intérêt. Par ailleurs, l'arrivée massive de nombreuses Volkswagen sur le marché de l'occasion menace tout particulièrement le segment des voiturettes, souvent à peine moins chères que le best-seller de Wolfsburg. C'est ainsi que naît le ravissant coach 700, dont les lignes graciles imaginées par Giovanni Michelotti transfigurent l'allure "pot de yaourt" de sa devancière. Pesant 640 kg à vide, la petite 700 reprend l'architecture générale de l'Isetta avec sa mécanique placée en porte-à-faux arrière. Elle n'en présente pas moins une réelle sophistication technique, bénéficiant d'une suspension à quatre roues indépendantes, d'une direction à crémaillère et d'une boîte de vitesses à quatre rapports entièrement synchronisée. Issu de la moto R67, son bicylindre à plat délivrant 30 ch DIN lui procure une vitesse de pointe de plus de 120 km/h, une performance très flatteuse pour un véhicule de cette catégorie. Dévoilée lors du Salon de Francfort 1959, la 700 est plébiscitée : plus de 25 000 commandes sont enregistrées en moins d'une semaine, malgré un prix d'appel toujours très élevé. Une version allongée dite LS (pour Luxus Sport), un coupé plus élancé et un cabriolet rejoignent bien vite le catalogue, ainsi qu'une version sportive poussée à 40 ch DIN, pilotée avec talent par le jeune Jacky Ickx. Cette réussite permet à l'usine d'envisager l'avenir plus sereinement. Les ingénieurs peuvent se consacrer à l'étude d'une nouvelle berline 1500 plus aboutie, catégorie reine sur le marché européen…

Présentée en 1962, la berline 1500 *Neue Klasse* incarne le renouveau de la firme munichoise, après une décennie en demi-teinte. Grâce à elle, la marque va connaître une ascension fulgurante, accroissant sans cesse ses chiffres de production. (BMW AG/BMW Group Archiv)

L'AVÈNEMENT
DE LA *NEUE KLASSE*

Providentiel, l'intelligent coach 700 a sauvé BMW de la banqueroute. Cette menace écartée, la marque allemande entend bien relever la tête grâce à une nouvelle berline de moyenne cylindrée, plus "vendeuse" que la luxueuse gamme V8, trop onéreuse pour toucher une large clientèle. Sans négliger pour autant une certaine sophistication technique, tradition oblige…

UNE CONCURRENCE REDOUTABLE

Signé en 1957, le traité de Rome favorise la libre circulation des marchandises en Europe. Une aubaine pour les principaux constructeurs automobiles du Vieux Continent, qui s'intéressent davantage aux marchés d'exportation voisins, concevant des modèles pouvant plaire à une clientèle plus large. La pénurie de l'immédiat après-guerre s'est estompée, la reconstruction s'est achevée et l'économie tourne à plein régime. Les ménages de la classe moyenne se sont enrichis. Tournant le dos aux petites voitures populaires, exiguës et minimalistes, ils réclament maintenant des modèles polyvalents de plus en plus performants et confortables, capables de parcourir à vive allure les autoroutes naissantes. L'automobile est désormais un outil indispensable de la vie quotidienne. Très représentative, elle est aussi devenue un attribut de la réussite professionnelle de son propriétaire. Ainsi, une nouvelle génération de berlines

Berlines moyennes par excellence, la Ford Taunus et l'Opel Rekord font figure de best-sellers de la catégorie en Allemagne et se vendent aussi fort bien sur les marchés étrangers. (Archives E-T-A-I)

à tendance sportive émerge au début des années 1960. En France, la Peugeot 404 et la Simca 1500 dominent le segment. Leur ligne d'inspiration italienne, leur fiabilité reconnue et leurs bonnes performances – elles accrochent sans peine les 140 km/h chrono – leur ouvrent les portes des marchés d'Europe du Nord. Elles y affrontent les deux best-sellers allemands de la catégorie, l'Opel Rekord et la Ford Taunus. Deux "petites" américaines bon marché, à la réputation de robustesse bien établie. Fabriquée sous licence par l'usine Neckar, la séduisante Fiat 1500, dont la carrosserie évoque la Chevrolet Corvair, est également présente outre-Rhin. N'oublions pas non plus l'Audi 60, dérivée de l'ancienne DKW F102, qui apparaîtra quelques années plus tard. C'est dans ce contexte bien particulier qu'entre en scène la berline *Neue Klasse*, qui chasse opportunément sur les terres de la défunte Borgward Isabella.

La Peugeot 404 est la première berline européenne de grande série à adopter l'injection ; un avantage certain pour s'imposer à l'exportation, nouvel eldorado des constructeurs européens. (Archives E-T-A-I)

BMW cherche à s'implanter durablement sur le créneau des berlines de moyenne cylindrée, en proposant un modèle à tendance sportive plus dynamique que ses concurrentes, à l'instar de l'Alfa Romeo Giulia. (Archives E-T-A-I)

Une maquette grandeur nature du futur modèle. Hormis quelques détails, les lignes générales de la voiture sont déjà fixées. (BMW AG/BMW Group Archiv)

Cette autre étude de style présente une calandre moins expressive que celle qui sera retenue pour la série. (BMW AG/BMW Group Archiv)

Les principaux concepteurs de la *Neue Klasse* prennent la pose. De gauche à droite : Wilhelm Hofmeister, Fritz Fiedler, Eberhard Wolff et Alex von Falkenhausen. (Fritz Neuwirth/BMW AG/BMW Group Archiv)

Un modèle intéressant, qui n'a hélas pas survécu à la disparition de son constructeur en 1961. Dans une certaine mesure, BMW observe une stratégie qui n'est pas sans rappeler le spectaculaire redressement d'Alfa Romeo quelques années auparavant. Ne pouvant rivaliser avec les capacités de production de géants industriels comme Opel ou Ford, le constructeur munichois choisit donc, à l'instar de son homologue milanais, de proposer un véhicule plus raffiné que celui de ses concurrents. Vendu plus cher, il offrira un seuil de rentabilité nettement supérieur, outre une image de marque plus valorisante pour ses acquéreurs. Le concept du modèle *premium* est en train de naître, même si l'expression consacrée n'apparaîtra pas avant plusieurs décennies...

Toujours dirigé par l'ingénieur Fritz Fiedler (1899-1972), véritable pilier de l'entreprise en poste depuis 1932, le bureau d'études va concevoir la future berline *Neue Klasse* en un temps record, alors que le coach 700 vient juste d'être présenté. Réputé pour sa rapidité d'exécution, le prolifique Giovanni Michelotti se remet à sa planche à dessin, œuvrant de concert avec le designer maison Wilhelm Hofmeister (1912-1978), directeur du Style de 1955 à 1970. S'étirant sur une longueur de 4,50 m, la nouvelle berline 1500, résolument moderne, adopte une structure monocoque, contrairement à la grosse berline V8. Elle se caractérise par sa ligne épurée dépourvue de toute ornementation superflue. La ceinture de caisse assez haute est soulignée par une large moulure courant tout le long des flancs. D'une largeur de 1,65 m, cette carrosserie dynamique et élancée se singularise par son pavillon aux surfaces vitrées très généreuses, bien en phase avec les canons esthétiques du moment. Séparée par l'incontournable double haricot, la calandre convexe ornée d'optiques circulaires allonge visuellement la longueur du capot-moteur. Un véritable trait de génie, qui va fixer l'identité visuelle de la marque pour les vingt-cinq années à venir. Même à l'arrêt, la BMW donne une impression de mouvement, renforcée par l'inclinaison prononcée de la malle arrière. L'habitacle résulte de cette même philosophie : sobre, dépouillé, un peu triste même, sans aucune fantaisie mais efficace et très fonctionnel. Si plaisant soit-il, le style italo-américain qu'adopte la grande majorité de ses concurrentes ne peut se prévaloir d'une recherche esthétique aussi poussée ; il se démodera très vite. Tout le contraire de la BMW, qui se distingue au premier coup d'œil dans le flot de la circulation. Une très grande réussite à porter au crédit de ses concepteurs.

DES PERFORMANCES DE TOUT PREMIER ORDRE

Alex von Falkenhausen (1907-1989) met au point le brillant quatre-cylindres en ligne M10 de 1 499 cm³. Motoriste de renom, le "sorcier" attitré de BMW, s'était déjà beaucoup impliqué avant guerre dans le développement de la mythique 328. Tourillonnant sur cinq paliers, ce bloc en fonte au profil supercarré – 82 x 71 mm – a été conçu pour subir plusieurs augmentations successives de cylindrée, sans que sa fiabilité soit altérée outre mesure. Il se distingue par sa culasse hémisphérique en alliage léger, sa distribution étant assurée par un arbre à cames en tête commandant une rangée de culbuteurs. Plein de potentiel, le moteur munichois, encore très sage,

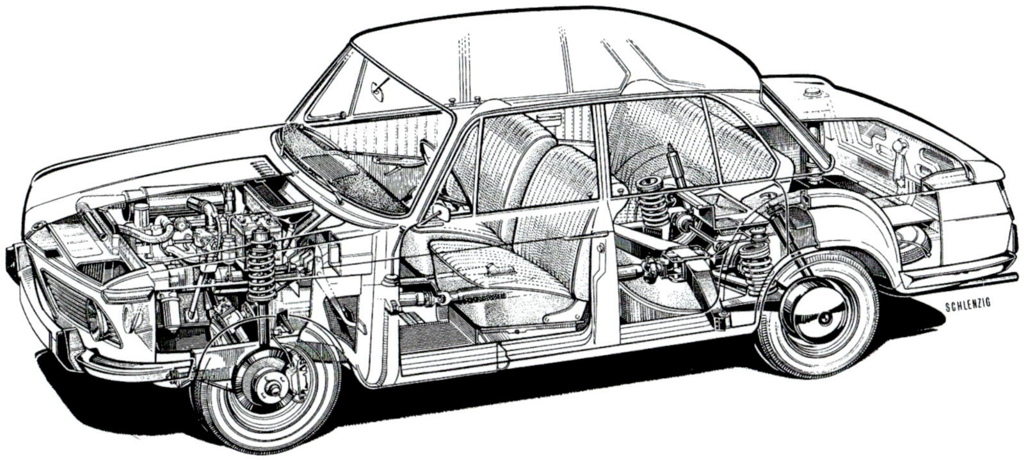

La berline 1500 conserve une architecture classique, mais bénéficie de quatre roues indépendantes et de freins à disque à l'avant, lorsque la plupart de ses rivales se contentent encore de simples tambours et d'un essieu arrière rigide. (BMW AG/BMW Group Archiv)

Le bloc-moteur M10 présente un profil supercarré et comporte un arbre à cames en tête. Bien étudié, il subira plusieurs réalésages successifs sans que sa proverbiale robustesse soit altérée. (BMW AG/BMW Group Archiv)

Salon de Francfort 1961 : la *Neue Klasse* tient la vedette sur le stand BMW, aux côtés de la gamme 700 au grand complet et du confidentiel coupé 3200 CS. Plus de 20 000 commandes sont enregistrées en moins d'une semaine. (Lauffer/BMW Group Archiv et BMW AG/BMW Group Archiv)

Les concessionnaires sont réunis à Munich pour repartir au volant des tout premiers modèles de démonstration. (Karl Attenberger/BMW AG/BMW Group Archiv)

Les chaînes d'assemblage tardent à se mettre en place. Les véhicules sortent tout d'abord à petite cadence. La production prend du retard, avant que l'usine puisse atteindre sa pleine capacité. Ainsi, les premières livraisons n'interviennent réellement qu'au printemps 1962. (Karl Attenberger/BMW AG/BMW Group Archiv et BMW AG/BMW Group Archiv)

ne développe que 80 ch DIN à 5 300 tr/min. Il fait preuve d'une appréciable souplesse, délivrant un couple maximal de 12 mkg à 3 000 tr/min. Ainsi motorisée, la BMW atteint une vitesse de pointe très flatteuse de près de 150 km/h, largement supérieure à celles de ses rivales de Cologne et de Rüsselsheim. Entièrement synchronisée, la boîte de vitesses à quatre rapports avec levier au plancher offre une précision remarquable. Agile et svelte, la *Neue Klasse* pèse officiellement 1 060 kg en ordre de marche. La berline bavaroise se prévaut d'ailleurs d'un comportement routier très au-dessus de la moyenne. Installé en position longitudinale, son moteur incliné à 30° sur la droite a permis d'abaisser sensiblement le centre de gravité. L'équipe de l'ingénieur Eberhard Wolff a effectué un travail remarquable sur le châssis, qui bénéficie d'une suspension entièrement indépendante. Si la direction conserve un classique boîtier Gemmer à vis globique et galet, le train avant de type McPherson (constitué de jambes de force obliques et d'un triangle inférieur) reçoit le renfort de freins à disque. Le train arrière sophistiqué profite, quant à lui, de triangles longitudinaux suspendus par des ressorts hélicoïdaux, lorsque la plupart des propulsions de l'époque doivent souvent se contenter d'un essieu rigide guidé par de simples lames. Le modèle inédit est dévoilé à l'automne 1961 lors du Salon de Francfort, grand-messe de l'industrie automobile d'outre-Rhin. La presse spécialisée se montre enthousiaste, soulignant cependant quelques lacunes d'équipement et de finition. Ces critiques n'entament nullement l'intérêt du grand public : à Francfort, plus de 20 000 commandes fermes sont enregistrées en moins d'une semaine. Mais l'usine n'est pas encore prête à démarrer la production. Les chaînes, désorganisées, tardent à se mettre en place, et les premières livraisons n'interviennent réellement qu'au printemps 1962. La nouvelle BMW entame sa carrière en même temps que l'Alfa Romeo Giulia, sa seule véritable rivale, dévoilée à la presse sur le circuit de Monza quelques semaines plus tard. Les premières voitures pâtissent toutefois de plusieurs défauts de jeunesse, notamment au niveau des ancrages de suspension arrière, relativement fragiles,

La BMW met l'accent sur ses performances et son agrément de conduite, ce qui n'est pas toujours le cas de ses concurrentes. Une invitation au voyage et à l'évasion… (BMW AG/BMW Group Archiv)

Le pavillon prodigue une surface vitrée généreuse, favorisant le champ de vision du conducteur. (BMW AG/BMW Group Archiv)

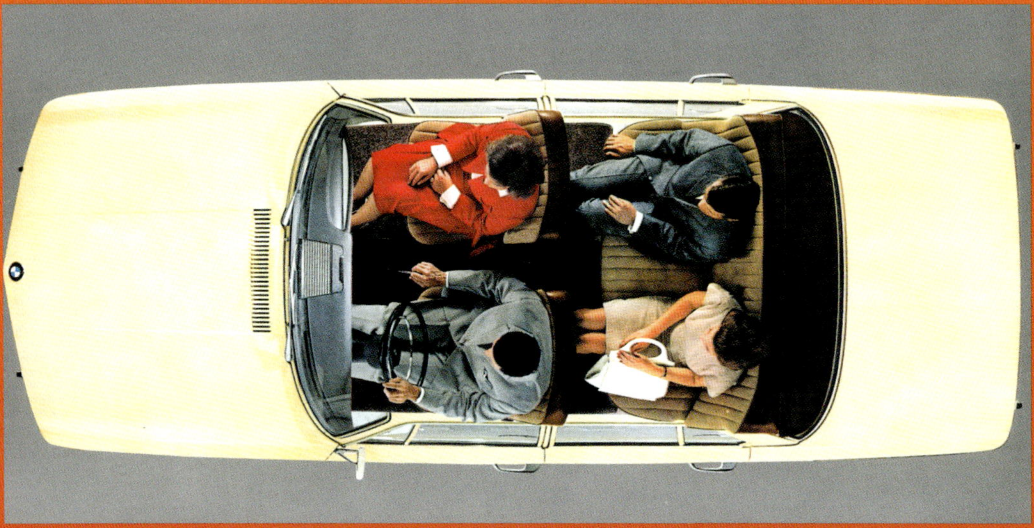

Berline à tendance sportive certes… Mais la berline 1500 ne néglige pas pour autant l'aspect pratique, offrant un habitacle et un coffre spacieux, indispensables dans cette catégorie. (BMW AG/BMW Group Archiv)

Une planche de bord austère mais fonctionnelle, dans la plus pure tradition germanique. (BMW AG/ BMW Group Archiv)

La calandre si particulière de la nouvelle BMW est reconnaissable entre mille. Une véritable signature visuelle qui ne disparaîtra qu'à la fin des années 1980. (BMW AG/ BMW Group Archiv)

Une 1800 plus puissante est inscrite au catalogue dès l'automne 1963. (Gebhardt Reitz/BMW AG/BMW Group Archiv)

Une 1800 Ti est présentée dans la foulée, tout aussi discrète que la version standard. (BMW AG/BMW Group Archiv)

et de la boîte de vitesses, dont les synchros ne tiennent pas la distance. Quelques menues péripéties qui n'empêchent pas la BMW *Neue Klasse* de s'installer durablement dans le paysage automobile européen. La demande est soutenue et les cadences de production s'accélèrent.

En France, *L'Automobile Magazine* publie un essai détaillé de la berline munichoise en janvier 1963. André Nebout porte un jugement très positif sur le nouveau modèle : "Malgré la grande habitabilité de la BMW, et ses dimensions relativement importantes, le poids n'est guère élevé pour une voiture de ce type, ce qui a l'avantage pour l'accélération. Le niveau sonore est peu élevé en ce qui concerne le moteur et les bruits de roulement, seule transparaît la chanson des engrenages de la boîte par le canal du tunnel de transmission. Le comportement routier nous a révélé une certaine sensibilité au vent latéral qui se contrôle aisément grâce à l'excellente direction et, d'autre part, nos essais s'étant poursuivis sur des revêtements humides et glissants, nous avons constaté une tendance nettement survireuse, que nous attribuons aux pneus. Il nous semble, étant donné la qualité de la suspension, que chaussée de pneumatiques, comme ceux qui équipent la plupart des voitures françaises, la 1500 BMW gagnerait en stabilité de trajectoire. [...] Pour nous, l'intérêt de la BMW, en dehors de son confort et de sa finition, réside dans son moteur qui possède un couple particulièrement avantageux. Nos chiffres d'accélération et de vitesse de pointe démontrent les vastes possibilités de cette 'mécanique' qui entraîne quatre personnes avec brio. La voiture chargée ne perd qu'une seconde aux 400 et aux 1 000 mètres départ arrêté. Pour obtenir les temps optima, nous montons la première à 40 km/h, nous quittons la seconde à 80 km/h, et la troisième à 130 km/h. Comparés à ceux des cabriolets 404 ou de la DS 19, les temps sont excellents puisque nous trouvons 19 secondes 7/10 aux 400 mètres contre 20 secondes 2/10 pour la Peugeot et 21 secondes 1/5 au crédit de la DS 19. Ayant bénéficié d'un vent favorable, nous avons effectué une deuxième mesure en sens inverse qui s'est soldée par 20 secondes 1/10 aux 400 mètres et 37 secondes 6/10 aux 1 000 mètres. Si nous prenons la moyenne des temps, il est loisible de constater que cette 1500 accélère gaiement pour une berline de tourisme à simple carburateur." Sur l'anneau de vitesse de Linas-Montlhéry, les journalistes parviennent à atteindre 149,896 km/h, une performance de tout premier ordre dans le contexte de l'époque. Le "mythe" BMW commence imperceptiblement à se forger, même si cette toute première mouture peut paraître encore timide à bien des égards.

La gamme s'étoffe très rapidement. La version de base est supplantée par une 1800 plus ambitieuse, inscrite au catalogue dès l'automne 1963. Son bloc spécifique de 1 773 cm^3 – 84 x 80 mm – fournit 90 ch DIN à 5 250 tr/min. Grâce à ce surcroît de puissance confortable, la 1800 passe le cap des 162 km/h chrono, une vitesse de pointe qui la classe d'emblée parmi les familiales de grande série les plus rapides du marché. Produite à 23 554 exemplaires, la timide berline 1500 originelle s'efface quant à elle en 1964. Elle est remplacée par une 1600 d'entrée de gamme sensiblement améliorée, dont le moteur, réalésé à 1 573 cm^3 – 84 x 71 mm –, atteint maintenant 83 ch DIN à 5 500 tr/min pour une vitesse maximale de 155 km/h. Cette même année apparaît la très sportive 1800 Ti – pour *Turismo internationale* – forte de 110 ch DIN à 5 800 tr/min.

L'habitacle de la 1800 Ti arbore une présentation à peine moins austère. (BMW AG/BMW Group Archiv)

La berline 1800 Ti entame une brillante carrière en compétition. Ici, trois exemplaires surpris au Nürburgring en 1965. (H.P. Seufert/BMW AG/BMW Group Archiv)

La 1800 Ti/SA sur le circuit de Spa-Francorchamps en 1965. (Eric della Faille/BMW Group Archiv)

Si l'habitacle profite de sièges baquets prodiguant davantage de maintien latéral, le tableau de bord n'est guère plus dépouillé que la version de série…
(BMW AG/BMW Group Archiv)

Préparé par l'usine, le moteur de la 1800 Ti/SA délivre 130 ch DIN à 6 100 tr/min.
(BMW AG/BMW Group Archiv)

La berline 1600 remplace la 1500 dès 1964, faisant désormais office de modèle d'entrée de gamme. (BMW AG/BMW Group Archiv)

Capable de rouler à 175 km/h, cette berline au tempérament de feu, concurrente toute désignée de l'Alfa Romeo Giulia TI Super, accélère de 0 à 100 km/h en à peine 11 secondes. Les deux voitures s'affrontent dans les plus grandes épreuves européennes. Si l'Italienne remporte le championnat allemand des voitures de production en 1963, l'Allemande prend sa revanche l'année suivante en s'emparant du titre, pilotée de main de maître par Hubert Hahne. La 1800 Ti s'illustre également aux 24 Heures de Spa-Francorchamps 1965. L'équipage vainqueur, Pascal Ickx (le frère aîné de Jacky) et Gérard Langlois Van Ophem, dispose néanmoins de la très spéciale 1800 Ti/SA (pour *Sport Ausführhrung*, littéralement "version sportive"), produite à seulement 200 exemplaires par l'usine. Gavée par deux énormes carburateurs double corps Weber 45 DCOE, cette version allégée, exclusivement réservée à la piste, dépasse allégrement les 185 km/h chrono grâce à son moteur poussé à 130 ch DIN à 6 100 tr/min. Des données officielles qui peuvent d'ailleurs être optimisées par les nombreux préparateurs qui commencent à s'intéresser au modèle. Très robuste, le moteur supporte en effet des gonflages importants, sans que cela altère outre mesure sa proverbiale fiabilité. Parmi ces spécialistes se distingue tout particulièrement le Français Jean-Pierre Blais. Ce dernier propose plusieurs niveaux de préparation, compris entre 155 et 165 ch pour les plus aboutis. Le bloc reçoit alors des chambres de combustion hémisphériques et un arbre à cames spécial doté de ressorts de soupapes renforcés. Les conduits de la culasse sont polis et agrandis. Le volant-moteur est allégé et la ligne d'échappement est libérée. Jean-Pierre Blais commercialise aussi une gamme pléthorique de pièces spécialement adaptées : boîte de vitesses "courte", pont autobloquant, réservoir d'essence porté à 105 litres, barres stabilisatrices de plus grande dimension et freins renforcés, entre autres...

En mars 1965, José Rosinski a le privilège de prendre le volant de l'une de ces machines spécialement préparées. Impressions partagées avec les lecteurs de *Sport Auto* : "Sur le circuit routier, nous avons fait connaissance avec une voiture réellement passionnante à conduire, et, en même temps, facile à conduire. La tenue de route, incontestablement, est la plus grande qualité de la BMW, qui s'est révélée être une voiture particulièrement bien équilibrée que l'on prend en main très rapidement, et qui inspire une confiance illimitée grâce à son évident manque de vice. La direction est excellente, stable en ligne droite, sensible en virage. Le comportement est d'abord sous-vireur, passe par une période neutre lorsqu'on commence à appliquer l'accélération, puis peut à la demande du pilote soit le demeurer, soit devenir sous-vireur sur un surcroît de gaz. Bien que la suspension soit assez souple, la caisse n'est pas affectée par une trop forte tendance au roulis. Dans tous les cas, on sent que les roues arrière restent en contact avec le sol, quel que soit l'état de celui-ci. Cependant, en virage serré, la roue intérieure cire exagérément sous l'action d'une accélération un tant soit peu énergique, et ce phénomène diminue dans de sensibles proportions la vitesse de la voiture en phase de sortie : le montage du différentiel autobloquant doit être la réponse à cet inconvénient. Malgré le poids assez élevé (1 080 kg) de la BMW, les freins nous ont paru à la hauteur de leur tâche, encore qu'une ventilation spéciale ne devrait pas leur déplaire. Le servo est correctement calculé, ainsi que la répartition avant/arrière, et il n'est jamais possible de bloquer les roues arrière. La pédale est agréable, n'exigeant pas une trop forte pression, offrant une bonne progressivité. Pour la compétition, l'étagement de la boîte de vitesses à quatre rapports n'est absolument pas satisfaisant : la première, beaucoup trop courte, est inutilisable, sauf au démarrage. La seconde est également trop courte : de ce fait, il existe un "trou" de 2 000 tr/min entre elle et la troisième, et de 1 800 tr/min entre la troisième et la quatrième. Puisque des rapports plus rapprochés ne sont pas disponibles, il sera nécessaire de monter la boîte à cinq vitesses dont l'étagement paraît beaucoup plus rationnel." La "bourgeoise" BMW 1800 Ti ne monopolise plus seulement la file de gauche des autoroutes. Elle fait maintenant le bonheur de toute une génération de pilotes chevronnés, croisant régulièrement le fer avec l'Alfa Romeo Giulia. Un formidable vecteur de publicité pour la marque, qui occupe à nouveau le devant de la scène.

LA SÉRIE 02 ENTRE EN SCÈNE

L'engouement suscité par la berline *Neue Klasse* a entraîné un véritable phénomène de mode. Cependant, les tarifs ont subi une hausse vertigineuse dans l'intervalle. Si la 1500 originelle valait 16 800 F au millésime 1963, la 1800 Ti coûte désormais 18 950 F deux ans plus tard. L'Alfa Romeo Giulia TI Super s'échange alors contre une somme de 18 990 F, ce qui n'a rien d'un hasard. Haut de gamme hexagonal par excellence, la toute nouvelle Citroën DS 21 Pallas, introduite à l'automne 1965, ne vaut que 16 985 F. D'un esprit très différent de la berline allemande, elle n'en présente pas moins des performances presque équivalentes. Frisant les 160 km/h en vitesse de pointe, la Peugeot 404 à injection constitue quant à elle une alternative intéressante aux berlines 1500 et 1600. La Sochalienne s'affiche à 12 800 F en finition Super Luxe, figurant parmi les meilleurs rapports qualité-prix du marché. Que dire de l'Opel Rekord six-cylindres, qui s'offre à seulement 14 400 F ? Et de la Ford Taunus 20 M TS, animée par un onctueux V6, proposée à 13 100 F ? Certes, la BMW, qui se veut plus raffinée que ses concurrentes "généralistes", peut aisément justifier ses tarifs plus élevés, mais elle rate quelque peu sa cible initiale en n'offrant aucune entrée de gamme vraiment

Proche collaborateur de Wilhelm Hofmeister, Georg Bertram réalise ces deux dessins vers 1960 : s'inspirant des principaux gimmicks de la petite 700, ils figurent parmi les toutes premières ébauches de la future série 02. (BMW AG/BMW Group Archiv)

Datant de 1964, cette proposition intègre les blocs optiques rectangulaires que l'on retrouvera sur la berline 2000 Tilux. (BMW AG/BMW Group Archiv)

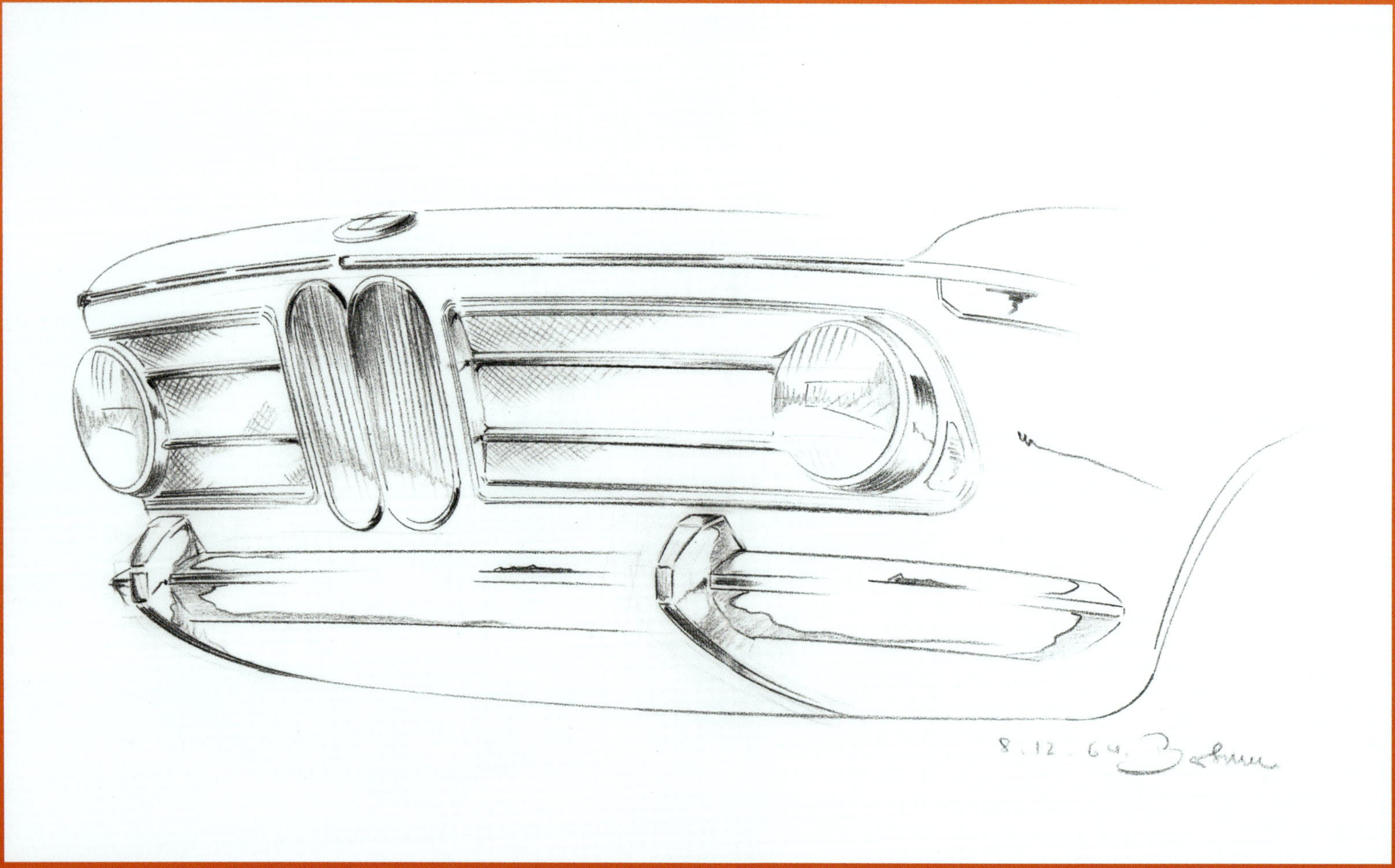

Ces deux autres esquisses de Georg Bertram datent de 1964-1965. Le dessin du modèle de série est pratiquement fixé. La petite 02 reprendra la calandre de sa grande sœur, à quelques détails près. (BMW AG/BMW Group Archiv)

Autre designer de l'équipe de style, Manfred Rennen imagine en 1965 cet élégant coupé, nanti d'un pavillon plus élancé que celui de la berline deux portes. Un projet hélas mort-né. (BMW AG/BMW Group Archiv)

accessible, qui permettrait à terme de fidéliser une clientèle plus jeune et moins fortunée. Une problématique dont a pris conscience Paul Georg Hahnemann, le très entreprenant directeur commercial de BMW. Ce dernier parvient à convaincre les hautes instances de la firme de lancer l'étude d'un modèle plus économique, et surtout plus abordable. L'ingénieur Eberhard Osswald, qui supervise le projet, devra reprendre un maximum d'éléments existants afin de limiter les coûts de fabrication. Étroitement dérivée de la série 1600, la future "petite" BMW de la série 02 naîtra sous la forme d'une berline deux portes, un type de carrosserie très prisé dans les pays nordiques. La banquette arrière s'avère un peu étroite, mais elle accueille honorablement deux enfants dans un confort satisfaisant. C'est ainsi que la 1600-02 Jubilé entre en scène lors du Salon de Genève 1966, surnommée ainsi pour célébrer le cinquantenaire de

Présentée durant le Salon de Genève, la nouvelle BMW 1600 Jubilé entre en scène début 1966. (BMW AG/BMW Group Archiv)

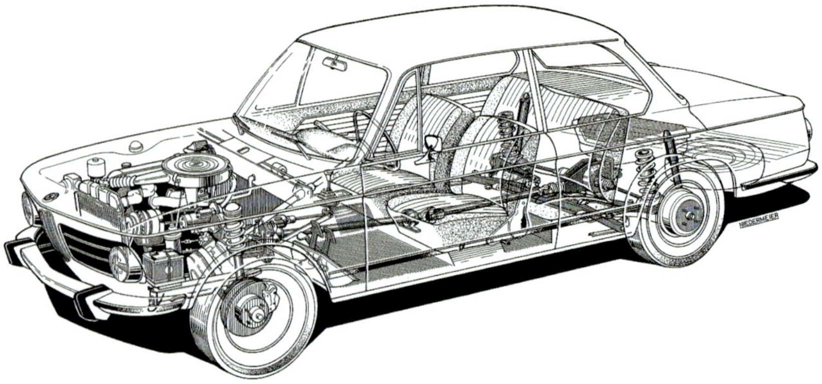

Étroitement dérivée de la berline *Neue Klasse*, la série 02 est établie sur un empattement raccourci, économisant de précieux kilos. (BMW AG/BMW Group Archiv)

la marque, en même temps d'ailleurs que la nouvelle berline 2000, qui remplace l'ancienne 1800. Plus compacte et plus légère que la statutaire version à quatre portes, la nouvelle BMW a été intégralement dessinée par l'équipe de Wilhelm Hofmeister et de ses deux principaux adjoints, Georg Bertram et Manfred Rennen. Les principaux gimmicks de la berline sont toujours bien présents, notamment au niveau de la proue : calandre, ailes avant et capot-moteur pratiquement identiques. Toutefois, la ceinture de caisse moins marquée, soulignée par un simple jonc chromé, abandonne la large moulure latérale qui caractérise son aînée. Les designers ont effectué un travail remarquable sur la proue, traitée avec davantage de finesse, qui gagne des feux circulaires spécifiques, reliés entre eux par un jonc surmontant la plaque d'immatriculation. Moins longue (4,23 m) et moins large (1,59 m) que la berline, la 1600-02 voit son empattement réduit à 2,50 m, au lieu de 2,55 m. Elle ne pèse que 930 kg en ordre de marche, rendant ainsi plus de 130 kg à sa grande sœur. En outre, sa hauteur réduite à 1,41 m (au lieu de 1,45 m) amenuise le maître-couple, favorisant d'autant la vitesse de pointe. La 1600-02 récupère le bloc 1 573 cm^3 de la berline 1600 de base. Alimenté par un carburateur Solex 38 PDSi, son vigoureux quatre-cylindres fournit 85 ch DIN à 5 700 tr/min, pour un couple maximal de 12,6 mkg délivré à 3 00 tr/min. Dans de bonnes conditions, la 1600-02 tutoie les 165 km/h chrono, lorsque la berline dotée du même bloc peine à atteindre 155 km/h. Les conducteurs sportifs sont littéralement conquis par sa maniabilité, à tel point que la vocation "économique" du modèle passe bientôt au second plan. La répartition idéale du poids sur les essieux – 495 kg sur l'avant et 435 kg sur l'arrière – y contribue pour beaucoup.

Le stand BMW au Salon d'Amsterdam 1967. (Cinex/BMW Group Archiv)

L'habitabilité reste suffisamment convaincante pour séduire les jeunes pères de famille, un argument incontournable dans le segment. (BMW AG/BMW Group Archiv)

Entièrement redessinée, la poupe intègre un coffre de contenance honorable. (BMW AG/BMW Group Archiv)

La calandre est pratiquement identique à celle de son aînée. Remarquez les projecteurs longue portée additionnels, venant en renfort de l'éclairage d'origine peu efficace. (BMW Group Classic)

L'habitacle uniformément noir ne déroge pas aux habitudes de la marque. (BMW AG/BMW Group Archiv)

L'instrumentation du tableau de bord reste minimaliste et ne comporte pas de compte-tours. (BMW AG/BMW Group Archiv)

En juin 1966, Bernard Carat publie un essai détaillé de la nouvelle 1600-02 Jubilé pour les lecteurs de *L'Auto-Journal*, l'un des premiers articles parus dans la presse française : "Grâce à BMW France, nous avons eu en main l'une des toutes premières 1600 et, après rodage, elle totalisait plus de 6 000 km au moment de nos mesures à Montlhéry. Elle était donc bien rodée et, tout au long de nos essais, nous avons bénéficié de très bonnes conditions de roulage, ce qui nous a permis d'atteindre les meilleures performances admissibles sur ce modèle. [...] Sur l'anneau de

Le bloc 1 573 cm³ doit se contenter de 85 ch DIN en configuration de base. (BMW AG/BMW Group Archiv)

Légère et maniable, la 1600 Jubilé est rapidement détournée de sa vocation “économique” par les amateurs de conduite sportive, qui savent exploiter tout son potentiel. (BMW AG/BMW Group Archiv)

Le modèle est très apprécié outre-Manche. (BMW AG/BMW Group Archiv)

La 1600 Jubilé à l'épreuve du crash-test, confrontée à une berline quatre portes. (BMW AG/BMW Group Archiv)

Montlhéry, par une température idéale de 22 °C et un vent presque nul, nous avons atteint, le conducteur étant seul à bord, la vitesse réelle de 163,2 km/h, soit un peu mieux que la 1800 normale qui n'avait pas dépassé 162 km/h. Avec quatre personnes à bord, le quatrième et dernier tour a été couvert à 160,9 km/h et l'on voit qu'en vitesse pure, la BMW 1600 se place remarquablement dans sa cylindrée. Sur bonne route, cette vitesse de pointe élevée peut être soutenue longtemps sans difficulté et le moteur ne donne jamais l'impression d'être poussé à bout ni de tourner à régime trop élevé. Les accélérations sont, elles aussi, extrêmement satisfaisantes puisque, départ arrêté, nous avons enregistré 18 secondes 3/5 aux 400 mètres et 34 secondes 3/5 aux 1 000 mètres. En reprise depuis 40 km/h en quatrième, les temps sont un peu moins bons et nous avons 19 secondes 1/5 aux 400 mètres et 36 secondes 4/5 sur le kilomètre. Néanmoins, tous ces temps sont, eux aussi, un peu meilleurs que ceux de la berline 1800 qui passe pourtant pour offrir une nervosité intéressante. Le poids joue ici un rôle déterminant et, en ordre de marche, la 1600 pèse près de 200 kg de moins que la 1800. Elle est aussi de dimensions plus réduites, mais la diminution du maître-couple joue surtout sur la vitesse maximale. L'échelonnement de la boîte de vitesses nous a paru tout à fait satisfaisant et l'on peut tout au plus lui reprocher une première assez courte selon la tradition allemande. La seconde atteint plus de 80 km/h au compteur tandis que la troisième peut être poussée

Les chaînes de montage tournent à plein régime pour soutenir la demande. (BMW AG/BMW Group Archiv)

jusqu'à 140 km/h. Cette troisième est le rapport le plus intéressant, aussi bien en montagne que pour les dépassements à grande vitesse. La synchronisation ne pose aucun problème au conducteur et les vitesses peuvent être rétrogradées extrêmement rapidement, y compris la première. Le levier central est bien en main, mais il est tellement court qu'il est assez dur à manier. Parfois aussi, la première craque à l'arrêt comme sur les modèles précédents de la marque. La souplesse du moteur n'est pas non plus critiquable puisqu'il est parfaitement normal, si l'on n'est pas pressé, de rouler en quatrième à 40 km/h. L'ensemble est bien équilibré et à peu près exempt de vibrations. Après un ralentissement, la voiture repart rapidement, surtout si l'on a pris soin de rétrograder en troisième, et elle ne donne jamais l'impression de manquer de puissance : au moment voulu, l'accélération obtenue correspond bien à ce qu'attendait le conducteur. [...] Notre voiture d'essai était montée sur des pneus allemands sans chambre et sans carcasse radiale, ce qui, a priori, n'est pas un élément favorable à l'adhérence. Cependant, la BMW 1600 a prouvé qu'elle tenait aussi bien la route que les autres modèles de la marque et que sa stabilité à grande vitesse était à peu près sans reproches. En ligne droite, cette voiture se contrôle avec une extrême facilité, quelle que soit l'allure, et la plupart des courbes peuvent être abordées sans lever le pied. En virage plus serré, le comportement reste sain, mais il faut se méfier de quelques sautillements des roues arrière dus sans doute à la dureté des pneus sans chambre. Ceux-ci glissent aussi quelque peu par temps de pluie, mais ce défaut est sans gravité. Une des grandes qualités de la BMW 1600 est aussi la précision de sa direction qui est, en même temps, beaucoup plus légère que celle des 1800. Ce n'est qu'en virage très serré que le volant se durcit de façon sensible, mais, à l'arrêt, les roues se braquent sans grand effort. Le rayon de braquage est assez satisfaisant et la maniabilité d'ensemble de la voiture est très bonne grâce à ses dimensions. Au premier abord, le freinage fait mauvaise impression à cause d'une dureté de la pédale à laquelle nous ne sommes plus habitués. L'assistance a été supprimée, mais les garnitures des disques n'ont pas été adaptées. En revanche, nous n'avons constaté aucune baisse due à l'échauffement ni aucun manque de stabilité sur coup de frein brutal. Quelques crissements apparaissent fréquemment et les petits tambours arrière ne servent pas à grand-chose, ce qui évite les problèmes de répartiteurs. Le frein à main entre les sièges est très bien placé et il est efficace. Pour la sécurité, le raccourcissement de la voiture n'a pas eu de mauvais effet et la 1600 est plutôt plus facile et plus agréable à conduire que les 1800 beaucoup plus lourdes. [...] Les BMW n'ont jamais eu de suspensions ni de sièges particulièrement confortables et la 1600 n'a pas échappé à cette règle. Le train arrière est particulièrement ferme, mais son amortissement est très rapide, ce qui diminue au minimum la durée des réactions après le passage d'un obstacle. À l'avant, la suspension est moins dure, mais le débattement reste assez limité. L'adoption de pneus un peu plus souples permettrait sans doute d'améliorer sensiblement le confort de la suspension. À l'intérieur, la 1600 est conçue autour de deux places avant qui sont largement dimensionnées et le conducteur le plus grand pourra la conduire sans gêne grâce à la longueur des glissières de réglage. Malheureusement, la banquette arrière, déjà privée de portières d'accès, se trouve un peu sacrifiée et lorsque les sièges avant sont reculés à fond, il ne reste guère de place pour les jambes. Au contraire, la garde au toit ainsi que la largeur sont partout bien étudiées et les sièges, surtout ceux de l'avant, ont l'avantage de maintenir convenablement le dos. Malheureusement, ces dossiers ne sont réglables que par des excentriques et cette manœuvre n'est guère possible qu'à l'arrêt. Le coffre à bagages est suffisamment vaste, mais la roue de secours est toujours mal placée sous un plancher de protection. Le tableau de bord est conçu dans le même style que celui du coupé 2000, mais

Cette publicité allemande de 1967 vante les succès à l'exportation du nouveau modèle. Le marché américain absorbe une part croissante de la production. (BMW AG/BMW Group Archiv)

il est loin d'en avoir les qualités et la présentation. On y trouve cependant tout ce qui est nécessaire, y compris un totalisateur partiel, un thermomètre d'eau et une grande montre. Le vide-poches est une sorte de tiroir basculant, ce qui est bien pratique bien qu'il ne ferme pas à clé : il est complété par une sorte de casier sur la boîte de vitesses. On trouve aussi un allume-cigarette, un appel de phares et un lave-glace à commande électrique. Les essuie-glaces sont à deux vitesses, mais leur surface de balayage est notoirement insuffisante. Il en est de même de l'avertisseur sonore qui n'émet qu'un son dérisoire. Les glaces de côté sont largement dimensionnées, mais les manivelles sont beaucoup trop démultipliées. La visibilité vers l'avant est gênée par les déflecteurs dont

La polyvalence de la 1600 Jubilé fait merveille : sa compacité la rend très agréable à utiliser en ville. (BMW AG/BMW Group Archiv)

À l'aube d'une très grande carrière... (BMW AG/BMW Group Archiv)

les montants assez épais servent de guide aux glaces descendantes. L'aération est complétée par les vitres arrière pivotantes, mais il n'y a toujours pas d'aérateurs dignes de ce nom au tableau. Le capot ouvre dans le bon sens, il se déverrouille facilement et est maintenu ouvert par un système à compensation. Malgré la diminution de la longueur du capot, le moteur y est encore à son aise et l'accessibilité mécanique reste bonne pour la plupart des organes, à l'exception des bougies difficiles à démonter.
[En conclusion] La plus petite des BMW n'est pas, comme on aurait pu le croire, une voiture dont les performances ont été sacrifiées puisque, bien au contraire, elle est plutôt plus rapide et plus nerveuse que la 1800 normale. Seules les places arrière ont souffert de la diminution de la longueur hors-tout, mais l'allégement de l'ensemble a profité à l'agrément de conduite et surtout à la direction sans aucunement compromettre la tenue de route. Quant à la suppression du servofrein, elle a entraîné seulement un durcissement considérable de la pédale : l'efficacité reste satisfaisante. La BMW 1600 aura certainement, dans l'esprit de ses créateurs, une destinée sportive, et l'on parle déjà d'une 1600 Ti qui serait prête à l'usine et qui aurait des performances très élevées. On peut aussi, en poussant les choses à bout, penser à monter dans cette caisse le bloc-moteur de la 2000 Ti, ce qui ferait un ensemble extrêmement rapide et capable d'aborder les plus dures épreuves."
La 1600-02 s'avère donc une monture très prometteuse, et ce malgré sa puissance relativement mesurée. Très compétitive, elle ne coûte que 13 880 F au catalogue français, un prix plutôt raisonnable qui fait pardonner un équipement assez indigent et une finition légère qui ne tient pas toujours la distance, notamment les garnitures de sièges en simili, assez fragiles.
Exigeant un supplément de 1 150 F, le toit ouvrant figure parmi les rares options disponibles. L'ambiance intérieure, froide et austère, gagne une touche de chaleur grâce au tableau de bord agrémenté d'appliques façon bois. Le volant à deux branches, d'aspect plus moderne, est dépourvu du cerclo chromé de la berline, encore très typé "années 1950". Néanmoins, la planche de bord de la petite BMW est dépourvue de compte-tours et de manomètre de pression d'huile, deux accessoires pourtant incontournables sur un modèle à vocation sportive. Le curieux levier de vitesse est coiffé d'un pommeau en caoutchouc dont l'aspect pratique est indéniable, à défaut d'être élégant. Par ailleurs, la batterie 6 volts prodigue un éclairage médiocre et des démarrages assez difficiles par temps froid.
Il faut également noter que la 1600-02 est livrée en France avec des pneumatiques diagonaux, et qu'il faut payer un supplément pour obtenir des pneumatiques radiaux, autrement plus efficaces et sécurisants. En outre, l'absence de servofrein accentue les distances d'arrêt. Un défaut qui n'apparaît pas des plus criants dans le contexte de l'époque, où la circulation reste fluide, nombre de ses contemporaines faisant elles-mêmes l'impasse sur cet équipement. Autres temps, autres mœurs...

En adoptant un moteur plus puissant, la nouvelle 1600 Ti se hisse parmi les meilleures sportives de sa catégorie. Fixé sur la calandre, le discret monogramme fait toute la différence… (BMW AG/BMW Group Archiv)

L'ASCENSION
FULGURANTE D'UNE SURDOUÉE

Le tempérament sportif de la 1600-02 n'a pas échappé aux responsables de l'usine. Manquant encore un peu de puissance pour se mesurer aux références de la catégorie, la frêle BMW va rapidement prendre du muscle au fil des millésimes, reléguant au second plan sa vocation "économique" initiale. Un embryon de gamme s'esquisse timidement.

À LA CROISÉE DES CHEMINS

Atypique et inclassable, la BMW 1600-02 l'est assurément. Discrète et peu démonstrative, presque trop sobre, elle tranche singulièrement avec les sportives contemporaines, parfois caricaturales, souvent affublées de teintes criardes et d'accessoires tapageurs. Si la marque commence à s'implanter durablement dans l'Hexagone, le modèle demeure assez marginal. Sa fiche technique l'apparente davantage à des modèles encore méconnus en France, telle la très originale Saab 99, voire la Volvo 142, deux robustes Suédoises qui ne peuvent se prévaloir du comportement incisif de la BMW. Vieillissant, le coupé Peugeot 404 se révèle plus "bourgeois" que réellement sportif et ne vise pas du tout la même clientèle. Les coupés Lancia Fulvia et Alfa Romeo Giulia GT jouissent quant à eux d'une image plus prestigieuse. Le coupé Fiat 124 Sport profite d'un rapport prix/performances intéressant, mais son label "populaire"

Déjà bien ancrée dans le paysage automobile d'outre-Rhin, la 1600 Jubilé, forte de son succès commercial, entame sereinement son deuxième millésime. (BMW Group Classic)

Manquant un peu de puissance pour prétendre à un vrai statut de sportive, la série 02 se retrouve confrontée à des concurrentes aussi atypiques qu'elle, à l'instar de l'originale Saab 99 ou de la Volvo 142, bien moins dynamique que la Munichoise. (Archives E-T-A-I)

Joliment dessiné, le coupé Fiat 124 Sport s'avère très compétitif, nonobstant sa piètre qualité de fabrication et son image "populaire". (Archives E-T-A-I)

Le prototype Baur originel présentait une poupe sensiblement différente du modèle de série. (BMW AG/BMW Group Archiv)

Le carrossier Baur réalise un cabriolet reprenant la ligne de la berline deux portes. Un élégant coupé muni d'un toit ouvrant est également conçu dans la foulée, mais il ne verra jamais le jour. (BMW AG/BMW Group Archiv)

et sa piètre qualité de fabrication nuisent quelque peu à sa réputation. De fait, la 1600-02, jouant sur plusieurs catégories à la fois, tire habilement son épingle du jeu. Consciente de ce potentiel très prometteur, l'usine s'applique à développer un semblant de gamme. Un très joli cabriolet à quatre places est ainsi présenté lors du Salon de Francfort 1967. Assemblée à Stuttgart chez le carrossier Baur, partenaire de BMW depuis les années 1930, cette élégante déclinaison reste très fidèle aux lignes du coach de série. Le cabriolet 1600-02 s'affiche à 19 980 F au catalogue français, un prix plutôt élevé qui le condamne à une diffusion confidentielle. Sa sensibilité à la corrosion et son manque de rigidité chronique ne plaident guère en sa faveur. Pourtant, le modèle figure parmi les rares décapotables "familiales" du segment, qui le place en concurrence directe avec le cabriolet Peugeot 404, qui coûte alors 19 050 F avec l'injection. Les amateurs de conduite sportive lui préfèrent logiquement le coach standard, plus homogène. Pesant 960 kg à vide, le cabriolet 1600 ne démérite pas pour autant. Moins aérodynamique que le cabriolet Peugeot 404, il ne dépasse pas toutefois 160 km/h en vitesse de pointe.

Le cabriolet de série apparaît officiellement au Salon de Francfort 1967. (BMW AG/BMW Group Archiv)

Le tableau de bord est strictement identique à celui du coach 1600 Jubilé. (BMW AG/BMW Group Archiv)

Les feux circulaires, propres à la série 02, ajoutent un charme indéniable au modèle. (BMW AG/BMW Group Archiv)

L’un des rares cabriolets “familiaux” du marché. (BMW AG/BMW Group Archiv)

En France, la BMW va se heurter au cabriolet Peugeot 404 vieillissant, qui offre également quatre places. Un marché de plus en plus marginal, pour ne pas dire anecdotique… (Archives Peugeot)

La BMW 1600 Ti, l’autre grande nouveauté du Salon de Francfort 1967. (BMW AG/BMW Group Archiv)

Bien plus attendue que le cabriolet, l'autre grande nouveauté dévoilée sur le stand BMW du Salon de Francfort 1967 n'est autre que la 1600 Ti. Gavée par deux carburateurs Solex 40 PHH, la petite BMW revendique désormais 105 ch DIN à 5 800 tr/min, pour un couple maximal de 13,4 mkg délivré à 4 500 tr/min, et accroche facilement les 175 km/h. La 1600 Ti se reconnaît au premier coup d'œil à sa présentation plus cossue : écussons spécifiques, calandre partiellement noire, compte-tours, volant spécifique façon bois à trois branches. Absentes sur les premières 1600-02, des barres stabilisatrices font leur apparition. Elles s'avèrent bien utiles pour contrôler les déhanchements intempestifs de la caisse, souvent chahutée par le surcroît de puissance. Le servofrein est monté en série – il l'est sur la version standard depuis l'hiver 1966 – tandis qu'une très désirable boîte de vitesses à cinq rapports "rapprochés" – avec cinquième en prise directe – est proposée en option. Les amateurs les plus exigeants peuvent commander un pont autobloquant, bienvenu en conduite sportive. La 1600 Ti bénéficie en outre d'une batterie 12 volts et d'un alternateur en lieu et place de l'antédiluvienne dynamo, des équipements qui, eux aussi, seront bientôt montés sur la 1600-02 standard.

Difficile de distinguer la 1600 Ti de profil, strictement identique à la version standard. Seuls les monogrammes avant et arrière permettent d'identifier à coup sûr le modèle. Notez la grille de calandre noire spécifique du modèle. Et l'absence du jonc chromé qui relie les feux arrière, dont est dépourvu cet exemplaire de présérie. (BMW AG/BMW Group Archiv)

La publicité ne laisse aucune ambiguïté quant aux performances de la nouvelle venue, photographiée sur la piste d'un anneau de vitesse. (BMW AG/BMW Group Archiv)

En février 1968, Jean-Paul Thévenet publie un essai détaillé de la nouvelle venue dans *L'Automobile Magazine* : "L'aménagement intérieur ne porte aucune vaine fioriture : il est bien traité et empreint d'une certaine distinction. Il n'y a pas cette mauvaise insolence qui est souvent, et hélas, le propre des voitures à tendance sportive. Le dessin des sièges est bon, mais l'on tolérerait qu'ils présentent un moelleux un peu plus évident. Le réglage de ceux-ci, tant en longueur qu'en inclinaison, est irréprochable. Même sobriété de bonne facture en ce qui concerne la présentation du tableau

BMW peut enfin se mesurer avec les références de la catégorie : l'incontournable Alfa Romeo Giulia GT et la Lancia Fulvia. (Archives E-T-A-I)

de bord qui porte, notamment, un compte-tours et une montre. De façon très générale, il serait souhaitable que les chiffres des cadrans soient d'un corps un peu plus généreux, car leur lisibilité est très moyenne. Au registre des détails améliorables, nous aimerions rencontrer un manomètre de pression d'huile, un compteur de vitesse un peu moins généreux, une commande d'essuie-glaces qui ne soit pas placée au tableau de bord, obligeant ainsi le conducteur à décoller de son siège pour l'actionner (manœuvre savante lorsque l'on est attaché). De la même façon, une serrure sur le couvercle de la boîte à gants serait la bienvenue. On pourrait également augmenter sensiblement le périmètre du rétroviseur un peu trop petit à notre sens. Dans ces petites choses qui retiennent agréablement l'attention, nous avons noté la commande d'ouverture des portes (bien étudiée), la présence d'une poignée de maintien, disposée sous le tableau de bord qui se complète d'une grosse boîte bien placée sur le tunnel de transmission. Mention spéciale pour les commandes de climatisation dont le réglage est d'une simplicité enfantine, ce qui devient de plus en plus rare. Le conducteur remarquera que l'ensemble volant-siège-pédalier est bien trop vertical. De la même façon, il n'appréciera pas la commande d'avertisseur disposée sur le moyeu du volant, et avant de s'être bien familiarisé avec la voiture, il déclenchera le jet du lave-glace chaque fois qu'il actionnera un peu trop brutalement les clignotants : ces deux commandes sont donc très discutables. À l'arrière, c'est l'escalade propre aux deux portes lorsque l'on veut accéder aux places arrière, et cela est bien dommage, d'autant que le confort des occupants tenus de voyager à ces places n'a pas été trop négligé puisque l'on trouve deux poignées de maintien et aussi deux déflecteurs qui facilitent grandement l'aération. [...] L'autodrome de Montlhéry n'est pas très accueillant à cette époque de l'année : verglas, vent et pluie s'y succèdent avec une telle opiniâtreté que la surveillance la plus attentive du moindre rayon de soleil est d'avance vouée à l'échec. Force nous fut donc d'effectuer nos chronométrages contrariés par un léger vent. Mais surtout par un revêtement assez humide qui nous obligea à recommencer plusieurs fois nos mesures d'accélération. Pour ce modèle, BMW revendique 175 km/h et fait certainement preuve d'une honnêteté très louable, puisque dans ces conditions de temps aussi médiocres, notre voiture d'essai réalisait, malgré tout, presque 173 km/h, ce qui, compte tenu de la correction à apporter en raison de l'anneau, offre certainement sur route une vitesse sensiblement supérieure à celle du catalogue. La mesure des accélérations devait d'ailleurs nous confirmer rapidement le tempérament de cette voiture qui est incontestablement une sportive très typée, pleine de ressources et de brio. Inutile donc de faire étalage de ses possibilités lors des démarrages au feu vert, car les réembrayages brutaux libèrent une puissance telle que le patinage est aussi immédiat que bruyant... Manifestation en général peu goûtée, on le sait, par l'agent en faction. Cela dit et mesuré, on aborde l'essai sur route assez inquiet de la docilité de ce moteur, lorsqu'on le contraint à un usage plus domestique, plus servile. Vaine appréhension : la souplesse à bas régime est excellente et la 1600 Ti tolère les conducteurs paresseux, avec énormément de docilité. Même agréable surprise en ce qui concerne le bruit du moteur. Bien sûr, le silence à bord n'est pas celui d'une cathédrale mais, jusqu'à 160 km/h, le ronronnement grave et constant du moteur n'interdit absolument pas une conversation normale. Hors de ces considérations bourgeoises, c'est bien sûr aux sportifs que la 1600 Ti procurera le plus de joie. La répartition de la puissance jointe à d'autres qualités, telles que transmission, tenue de route, direction et freinage (non, nous n'exagérons pas !), fait que, sur route sinueuse ou encombrée, la conduite

À peine sorties d'usine et déjà sur l'asphalte des circuits : ces deux 1600 Ti sont surprises au Norisring en 1968. (H.P. Seufert/BMW AG/BMW Group Archiv)

Cette Alpina 1600 Ti est pilotée par le prince Ferfried de Hohenzollern. (BMW Group Archiv)

Très vite retirée du catalogue, la 1600 Ti continue sa carrière en compétition. Ces deux BMW photographiées au Nürburgring en 1969 disputent ainsi le championnat d'Europe des voitures de tourisme dans leur classe. (H.P. Seufert/BMW AG/BMW Group Archiv)

de cette voiture est un véritable régal, et les moyennes réalisables sont assez étonnantes. À cette allure, l'appétit du moteur n'est pas abusif, puisqu'à plus de 105 km/h de moyenne, sur des départementales très sinueuses, notre consommation n'a pas dépassé 13,6 litres, pour 9,6 litres aux 100 km en utilisation plus raisonnable. Bilan moteur extrêmement positif, brillant, même. [...] La boîte est bien synchronisée. Son levier est sans doute un peu trop en avant pour les petits qui conduisent néanmoins en position allongée, cela surtout pour la manœuvre quatrième-troisième et vice versa. L'échelonnement est très bien marié avec les possibilités du moteur puisque l'on peut obtenir à la limite du régime toléré : 50 km/h en première, 100 km/h en deuxième, et 145 km/h en troisième, tous chiffres susceptibles de satisfaire les plus 'fonceurs'. Terminons en notant, pour la petite histoire, une légère vibration de l'arbre de transmission dès que l'on atteint la vitesse maxi. [...] La direction est sans aucun doute un peu trop lourde pour les manœuvres de parc. Sur route, ce désagrément disparaît en totalité et l'on découvre un mécanisme remarquablement bien adapté au comportement de la voiture, tant il est précis et correctement démultiplié. Ajoutons à cela une stabilité assez surprenante, quels que soient les caprices du

revêtement. Le confort n'a rien d'exagérément sportif et est très comparable à ce que l'on rencontre sur des berlines réputées pour leur confort de suspension. Les seules réactions de la voiture sur route moyenne se limitent à quelques débattements verticaux, au demeurant très progressifs et relativement bien amortis. [...] Ouvrons une courte parenthèse pour signaler que BMW reçoit cette voiture avec des pneus 'Tubeless'. On connaît le côté 'loqueteux' de cet équipement ancestral. Cela est si vrai que l'importateur propose, ce qui est gentil, des pneus à carcasse radiale mais en option, ce qui l'est moins. Sur une voiture de ce prix et de cette classe, l'élégance du procédé est discutable. Cela dit, notre voiture était bien naturellement équipée de pneus à carcasse radiale, ce dont la tenue de route (tout comme le confort d'ailleurs) n'a certainement pas eu à se plaindre. De façon très générale, la 1600 Ti dispose d'une tenue de route très saine et ne pose pas de problème particulier à son conducteur, dans la mesure où celui-ci consent à ne pas lui en imposer. Expliquons-nous : 118 ch et 960 kg, comme nous l'avons déjà dit, représentent un rapport poids/puissance assez inhabituel pour que, mal utilisé, ses effets aient d'aussi bienheureuses conséquences qu'un... pavé dans le visage d'un représentant de la force publique. Mauvaise plaisanterie mise à part, on voudrait bien se modérer avec la pédale d'accélérateur, chaque fois que l'adhérence n'est pas irréprochable, sur route mouillée en particulier. Sans traîtrise particulière, la voiture réagit instantanément (et surtout très brutalement) par un écart de l'essieu arrière qui demande une certaine connaissance ou un amour certain pour les émotions si l'on est au moins connaisseur. Cela admis, on se passionne très rapidement pour la conduite sportive en pilotant la 1600 Ti, franche dans son comportement, tolérante à qui sait, comme nous l'avons dit, ne pas en abuser. Répondant instantanément à toutes les sollicitations du volant, ou de l'accélérateur, elle se faufile merveilleusement sur route sinueuse avec une aisance remarquable. En utilisation rapide, elle glisse légèrement des quatre roues, mais toujours de façon contrôlable, puis de l'essieu arrière si on la force un peu, en dérivant un peu de l'avant si l'on exagère l'impulsion donnée au volant ou si la vitesse de passage, en fin de virage, est exagérée." Dans des conditions hivernales difficiles, Jean-Paul Thévenet parvient à atteindre 172,762 km/h sur l'anneau de Montlhéry, et parcourt le 400 mètres départ arrêté en 17,1 secondes, tandis qu'il abat le 1 000 mètres en 33 secondes. Un mois plus tard, José Rosinski prend le volant de la 1600 Ti pour les lecteurs de *Sport Auto* : "Clarté, sobriété, telle est la devise maison sur le plan esthétique. Les lignes de cette voiture sont nettes, dépouillées, mais la hauteur peu commune des glaces par rapport au corps et la forme arrière l'apparentent davantage à une compacte berline deux portes qu'à un coupé généralement admis. L'ensemble est un peu raide, solennel, et n'incite en aucune façon à la rêverie. À l'intérieur, ce caractère s'accroît encore par le choix des matériaux volontairement stricts et même, pour certains, franchement ordinaires, comme le tapis de sol. Le tableau de bord est intelligemment conçu, avec les trois cadrans groupés devant les yeux du conducteur, le reste formant une vaste tablette. Cet ensemble est prolongé vers le bas par une pratique console-boîte à gants. Cependant, l'équipement n'est nullement généreux – pas de manomètre d'huile ni d'ampèremètre – et le 'fond' sur lequel sont disposés les cadrans est d'un affreux mauvais goût. Le volant en bois, par contre, de petit diamètre et d'une forme originale, est des mieux venus. Pour être fade et ordinaire, cet habitacle est par contre abondamment éclairé, la visibilité sous tous les angles ne souffre d'aucune critique, au contraire. La position de conduite est statiquement excellente, volant et levier de vitesse (oh, l'horrible pommeau de caoutchouc moulé...) bien en main, pédalier correctement disposé. Hélas, le siège est dur, on ne s'y enfonce pas, on est littéralement posé dessus. Et comme il est très insuffisamment enveloppant, il en résulte une déplaisante impression d'instabilité qui vous fait vous arc-bouter contre votre dossier et vous agripper après le volant. À l'arrêt, celui-ci se révèle d'ailleurs très dur à manœuvrer mais, dès que la voiture roule, la direction devient plus normale, ferme mais sans excès. Elle est assez directe et prompte, mais sa précision pourrait être meilleure. [...] Souple et très discret jusqu'à 4 500-5 000 tr/min, le moteur devient plus bruyant avec les hauts régimes, mais ne donne jamais l'impression de peiner. À grande vitesse, les sifflements de l'air sur la carrosserie sont nets et en somme, au-dessus de 150 km/h, il faut sensiblement augmenter la puissance de la radio, mais sans que le niveau sonore soit jamais désagréable. On n'enregistre par contre aucune vibration de carrosserie quel que soit l'état du sol. Ferme, la suspension est admirablement amortie et absorbe tous les genres d'obstacles avec efficacité. D'autre part, la tenue de route s'avère remarquable, grâce au caractère neutre accentué, au peu de roulis et au pouvoir d'adhérence notablement élevé du train arrière propulseur y compris sur chaussée mouillée. Il n'est presque jamais nécessaire d'observer des précautions en accélérant, un patinage ou un léger écart ne se manifestent que dans des conditions vraiment extrêmes. Pourtant, on ne peut entièrement tirer profit de ces exceptionnelles qualités à cause... du moteur qui cliquette volontiers sous une accélération très franche : c'est ce bon supercarburant français, vous savez... Les freins sont progressifs et très bien équilibrés, d'une puissance correctement adaptée aux performances, sans plus. Combinées au moteur allègre et montant vite en régime, toutes ces caractéristiques rendent la conduite de la 1600 Ti très amusante, et vous remplissent de satisfaction. C'est une voiture franche et spontanée, qui se pilote avec netteté et sobriété. La manœuvre de la boîte ne souffre aucune critique non plus, mais il est regrettable qu'elle ne dispose pas d'un rapport supplémentaire qui rendrait la montée en vitesse encore plus continue et harmonieuse. [...] Sur le plan des qualités routières pures, la BMW 1600 Ti obtient une remarquable synthèse quel que soit le genre de parcours que l'on soit amené à faire. Vive l'arbre à cames en tête et les roues arrière indépendantes, il est bien agréable de temps en temps de constater que les solutions techniques raffinées ne sont pas lettre morte pour tout

le monde et sont payantes, sinon en termes de rentabilité, en tout cas de qualité. Rapide, nerveuse, très sûre et (trop ?) fonctionnelle, c'est une voiture décidément sportive… et pas du tout romantique !" Sur le circuit de Montlhéry, José Rosinski chronomètre la voiture à 170,5 km/h à 6 200 tr/min, ce qui correspond à plus de 175 km/h sur route. Il abat le 400 mètres départ arrêté en 17,6 secondes, et le 1 000 mètres en 33 secondes (exactement comme son confrère de *L'Automobile Magazine*). Le célèbre essayeur note d'ailleurs que la 1600 Ti s'avère aussi performante qu'une Alfa Romeo Giulia TI Super, voire la récente Renault 8 Gordini 1300, qui ont toutes deux réalisé des temps équivalents sur le célèbre circuit francilien.
Vendue 15 940 F, la nouvelle BMW peut se targuer d'un excellent rapport prix/performances, même s'il faut rajouter un supplément de 180 F pour obtenir des pneumatiques à carcasse radiale, et 240 F s'il s'agit de Michelin XAS, considérés parmi les plus performants du moment. S'ils n'ont pas nécessairement les moyens de s'offrir la nouvelle venue, nombre de propriétaires de la 1600 standard, un peu frustrés, commencent à se tourner vers les multiples préparateurs qui s'intéressent au bloc allemand. Parmi ces derniers, citons le Français Alexis Constantin, bien connu pour avoir longtemps "gonflé" des mécaniques Peugeot ou Panhard. Devenu agent BMW, Alexis Constantin propose une tubulure en aluminium remplaçant le collecteur d'admission d'origine, tandis que le carburateur Solex est remplacé par un Weber 40 DCOE 9 plus important. Ainsi gréée, la 1600 Jubilé gagne presque 10 km/h en vitesse de pointe, offrant des performances et des accélérations quasiment identiques à celles de sa grande sœur Ti. Peu altérée, la souplesse d'utilisation sur parcours urbains demeure convenable, pour une consommation sensiblement supérieure. Le prix de cette transformation s'élève à 1 500 F nets, taxes et pose comprises. Ce genre de préparation rencontre un succès d'estime auprès d'une clientèle éprise de conduite sportive, parfois même de pilotes amateurs. Par la suite, Alexis Constantin exercera ses talents sur les blocs 1800 et 2000, mais les versions d'usine, de plus en plus performantes, en amenuiseront toutefois l'intérêt.

LA PARENTHÈSE GLAS

Cherchant à accroître sa capacité de production, BMW a pris le contrôle de la marque Glas en novembre 1966. Alors en grande difficulté, ce petit constructeur bavarois a longtemps construit dans son usine de Dingolfing la voiturette Goggomobil, rivale déclarée

Les usines Glas de Dingolfing sont convoitées par BMW, qui y voit une bonne opportunité d'accroître sa propre production. (Hans Glas GmbH/BMW AG/BMW Group Archiv)

Une gamme séduisante mais trop disparate. Plombé par sa trésorerie chancelante, Glas accueille favorablement la proposition de rachat par BMW, qui sauve *in extremis* l'entreprise de la fermeture. (BMW AG/BMW Group Archiv)

La berline Glas 1700 GT, rivale théorique de la BMW *Neue Klasse*, manque singulièrement d'image pour s'imposer. (BMW AG/BMW Group Archiv)

Servant de base au coupé 1300 GT, la curieuse 1304 cache sous son allure disgracieuse des qualités techniques certaines. (BMW AG/BMW Group Archiv)

Lancé à l'automne 1963, le coupé 1300 GT arbore une très jolie robe dessinée par Pietro Frua. (BMW AG/BMW Group Archiv)

de la BMW 600. Disposant d'une gamme pléthorique, il propose également un élégant coupé fastback dessiné par Pietro Frua, dont les établissements turinois sous-traitent l'emboutissage des caisses. Une petite touche exotique bienvenue qui nuance l'image par trop austère des productions germaniques de l'époque. Dévoilée à l'automne 1963, la Glas 1300 GT 2+2 (1 290 cm^3) est en fait étroitement dérivée de la disgracieuse berline deux portes 1304, un modèle aux qualités techniques indéniables mais à la ligne maladroite, dessinée par un Giovanni Michelotti visiblement peu inspiré. Elle n'en dispose pas moins d'un bloc moderne doté d'un arbre à cames en tête, œuvre de l'ingénieur Leonhard Ischinger. Sa distribution est assurée par une courroie crantée extérieure,

La planche de bord de la 1300 GT adopte elle aussi un style suggestif. (BMW AG/BMW Group Archiv)

Les premières 1300 GT tombent de chaîne. (BMW AG/BMW Group Archiv)

une sophistication peu courante pour l'époque, surtout sur un véhicule de cette catégorie. Forte de 75 ch DIN à 5 800 tr/min, la Glas 1300 GT ne pèse que 900 kg et atteint 170 km/h en vitesse de pointe. Elle parcourt le 0-100 km/h en 13 secondes. Son design suggestif laisse pourtant espérer des performances supérieures, et son prix élevé freine sa diffusion. La 1300 GT a beau bénéficier d'un train avant très élaboré doté d'une double triangulation superposée, il souffre en revanche d'un pont arrière rigide suspendu par de rustiques lames semi-elliptiques, ne favorisant guère une conduite sportive un tant soit peu musclée. Glas tente de rectifier le tir en

Une 1300 GT surprise à la course de côte d'Eberbach en 1964. (BMW AG/BMW Group Archiv)

D'aspect identique, une 1700 GT plus puissante épaule bientôt la 1300 GT, équipée du même bloc que celui de la berline éponyme. (BMW AG/BMW Group Archiv)

Un cabriolet dérivé doté des mêmes motorisations rejoint également le catalogue. (BMW AG/BMW Group Archiv)

Une rare publicité parue dans un magazine américain. (BMW AG/BMW Group Archiv)

En France, les Glas sont importées par Jacques Poch, remportant un succès d'estime auprès d'une clientèle raffinée qui souhaite surtout rouler "différent". (Paul Botzenhardt/BMW AG/BMW Group Archiv)

Le stand Glas au Salon de Francfort 1965. (BMW AG/BMW Group Archiv)

Le prototype de la 1600 GT, photographié à l'usine de Dingolfing. Le double haricot a remplacé l'écusson Glas. (BMW AG/BMW Group Archiv)

introduisant dès 1965 une 1700 GT (1 682 cm^3) plus aboutie, dont le moteur est cette fois-ci emprunté à la berline éponyme. Développant 100 ch DIN à 5 500 tr/min, cette version plus ambitieuse roule à 180 km/h. Dans le même temps, la 1300 GT profite d'un moteur poussé à 85 ch et parvient ainsi à friser les 175 km/h. Un cabriolet disponible dans les deux cylindrées rejoint également le catalogue. Si séduisantes soient-elles, ces déclinaisons ne parviennent pas à redresser la trésorerie de la firme, déjà bien mal en point.

Nonobstant leurs qualités intrinsèques, les Glas manquent en effet cruellement d'image. Et les trop faibles volumes de production ne permettent pas à l'entreprise de dégager une marge de rentabilité suffisante pour rembourser ses dettes. Principalement intéressés par le potentiel industriel de leur nouvelle acquisition, les administrateurs de BMW vont commencer par épurer une gamme complexe et peu cohérente. Présentée en juin 1967, la nouvelle 1600 GT remplace les anciennes 1300 et 1700 GT, dont 5 013 coupés et 363 cabriolets ont été construits depuis leur lancement. Mieux fabriquée, assemblée avec davantage de soins, la coque renforcée reçoit désormais un traitement anticorrosion, inexistant sur la précédente mouture. La 1600 GT arbore une calandre remaniée ornée de l'emblème de la marque, ainsi que les feux arrière circulaires communs à la série 02. Le compartiment-moteur accueille quant à lui le bloc 1 573 cm^3 de 105 ch DIN de la 1600 Ti, attelé à la boîte de vitesses maison. Son inclinaison a permis d'abaisser sensiblement le capot-moteur, tandis que le pont rigide est remplacé par la suspension indépendante de la BMW. Nantie d'une démultiplication plus longue que sa cousine

La 1600 GT étrenne des trains roulants bien plus sophistiqués que ceux de la 1300/1700 GT. Les roues arrière indépendantes transfigurent la tenue de route. (BMW AG/BMW Group Archiv)

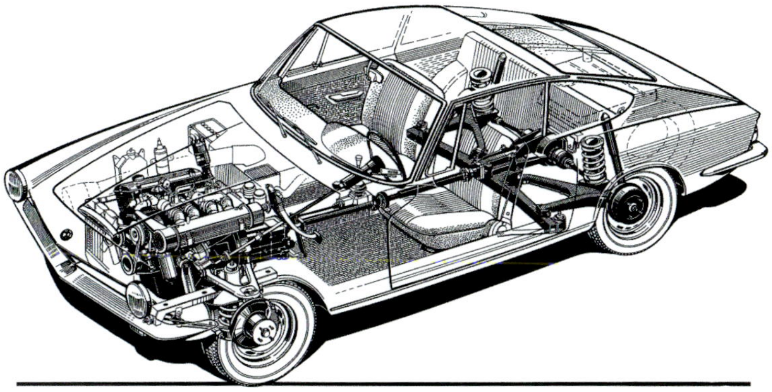

La 1600 GT emprunte le moteur du coach 1600 Ti. (BMW AG/BMW Group Archiv)

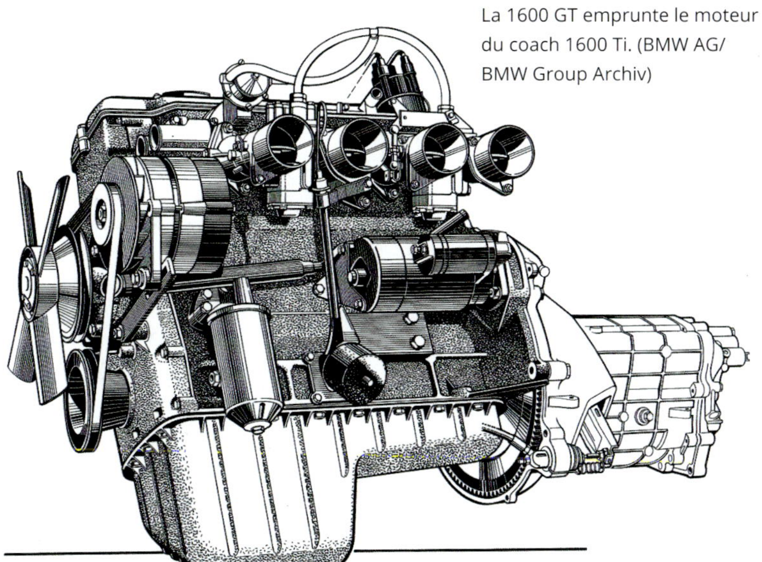

La publicité met en exergue les performances particulièrement flatteuses de la nouvelle venue. (BMW AG/BMW Group Archiv)

– 3,64 au lieu de 3,90 –, la 1600 GT frise maintenant 190 km/h en vitesse de pointe et abat le 0-100 km/h en 11,2 secondes selon l'usine. Moins "sautillante" qu'auparavant, elle se prévaut surtout d'un meilleur comportement routier et se montre plus confortable. Mais son tarif excessif de 26 920 F la condamne inexorablement à faire de la figuration face à la 1600 Ti, vendue 10 000 F moins cher et nantie d'une réputation autrement plus enviable. De fait, la 1600 GT n'est produite qu'à 1 255 exemplaires, la dernière voiture tombant des chaînes en mai 1968. Auxquels il faut rajouter pour l'anecdote deux prototypes de cabriolet, carrosserie qui ne verra jamais le jour, faute de perspectives commerciales suffisantes. Diffusé en France par Jacques Poch, l'importateur officiel de la marque Glas, le modèle est resté dans les mémoires comme une délicieuse voiture de carrossier, à l'instar de la Ghia 1500 GT ou de l'Osi 20 M TS, ses plus proches concurrentes contemporaines. Récupérée par le réseau BMW, l'ultime 1600 GT a réussi tout de même à convaincre cent quatre-vingt-neuf acheteurs dans l'Hexagone, un score enviable pour un véhicule aussi confidentiel.

Si marginale soit-elle sur le marché français, la 1600 GT suscite toutefois l'intérêt de *L'Auto-Journal*. En juillet 1968, André Costa en prend le volant, alors que la production du modèle a cessé quelques semaines plus tôt : "La voiture est rapide, très nerveuse, souple en ville, silencieuse même à régime moyen et elle ne pose aucun des problèmes que l'on rencontre parfois sur des voitures trop gonflées, qui oscillent entre la route et la piste. On peut, néanmoins, noter qu'avec l'allongement du pont, il est nécessaire de monter haut les régimes – à 6 500 tr/min au compteur pour être honnête – si l'on veut tirer le maximum du moteur. Cela étant, on atteint au compteur 100 km/h en seconde, 150 km/h en troisième, avec des moyennes horaires qui essouffleront un chrono peu entraîné. [...] La 1600 GT ne possède pas les mêmes réactions que les berlines BMW, ce qui est sans doute normal puisqu'il s'agit d'un coupé. En ligne droite, nous avons remarqué et apprécié une insensibilité au vent latéral qui permet d'atteindre pratiquement la vitesse maximale malgré de fortes rafales. En virage, la voiture a tendance, tout d'abord, à se coucher légèrement, puis, une fois campée sur ses roues, elle avale les courbes avec une nonchalance qui laisse simplement le pilote inquiet, face à la baisse de visibilité pratique qui devient lancinante en sortie de virage, si l'on ne se trouve pas sur un terrain parfaitement dégagé. Dans les virages plus serrés, l'équilibre entre l'avant et

Un cocktail italo-germanique des plus séduisants, dont la diffusion demeurera hélas très confidentielle. (BMW AG/BMW Group Archiv)

La gamme BMW-Glas au grand complet en 1967. (Karl Attenberger/BMW AG/BMW Group Archiv)

l'arrière est bien réalisé et, si les roues directrices sont les premières à entamer une glissade très progressive, le train arrière prend le relais sitôt qu'on le désire. En bref, la tenue de route est très bonne et la voiture réclame plus de confiance que d'expérience. Quant aux pneumatiques Dunlop SP, d'origine allemande, qui étaient montés sur notre voiture, nous les avons tout particulièrement appréciés sous la pluie, qui ne nous a pas empêchés de pousser la mécanique jusque dans ses derniers retranchements. La suspension est du genre ferme et si l'on gonfle les pneus pour la conduite à grande vitesse, les pavés, ainsi que les mauvais revêtements, seront acceptés avec peu d'enthousiasme par les reins et les postérieurs fragiles. Le confort des sièges atténue cependant grandement la portée de ce défaut. Dès les premiers kilomètres parcourus, nous avons été impressionnés par la puissance et l'équilibre des freins. Il est difficile de prendre la voiture en défaut, à ce point de vue, et les décélérations sont quand même impressionnantes. Quant à la direction, elle est douce, très précise, presque totalement exempte de réactions, avec un rayon de braquage très acceptable. C'est en ce qui concerne l'équipement général que la BMW 1600 GT trahit le plus l'improvisation relative qui a présidé à sa naissance. Le tableau de bord est celui de la Glas 1700 GT et il date un peu. La commande des essuie-glaces, et surtout du lave-glace électrique, est mal placée, nous avons peu aimé l'avertisseur aussi bien en raison de sa commande, au centre du volant, que de sa sonorité désagréable. De plus, nous n'avons trouvé ni montre ni allume-cigarette, et le volume du coffre à gants est dérisoire. Pour tous ces détails, la 1600 GT n'est pas encore une vraie BMW." André Costa relève une consommation moyenne de 11,5 litres aux 100 km. Moins optimiste que son constructeur, l'impétueux journaliste chronomètre le modèle à 182 km/h en vitesse de pointe, et parcourt le 400 mètres départ arrêté en 16,2 secondes, tandis que le 1 000 mètres départ arrêté est abattu en 32 secondes.

Le cabriolet 1600 GT ne sera jamais produit en série. Deux exemplaires ont été construits. (BMW AG/BMW Group Archiv)

La berline 1800/2000 SA n'est autre qu'une 1700 GT redessinée, équipée du bloc-moteur M10. Elle va discrètement poursuivre sa carrière en Afrique du Sud et en Rhodésie. (Karl Attenberger/BMW AG/BMW Group Archiv)

L'opulente 3.0 CSi s'inscrit parmi les meilleurs coupés de Grand Tourisme du moment, avec l'ambition de concurrencer Mercedes-Benz sur son propre terrain. (BMW AG/BMW Group Archiv)

LA TENTATION
DU GRAND TOURISME

Malgré ses piètres résultats commerciaux, l'élitiste lignée des modèles V8, très porteuse en termes d'image, a laissé un grand vide dans la gamme du constructeur. Une fois ses finances consolidées, BMW commence à réinvestir ce segment prestigieux, bien décidé à ne pas céder du terrain face à Mercedes-Benz.

BAROUD D'HONNEUR

Alors que les ultimes berlines 502 viennent tout juste de disparaître, la marque crée la surprise en présentant l'opulent coupé 3200 CS lors du Salon de Francfort 1961. Une présence passée presque inaperçue aux côtés de la berline *Neue Klasse*, qui focalise à elle seule tous les regards admiratifs des visiteurs. Ultime descendante de la famille des V8, la 3200 CS emprunte le cadre périmétrique de ses devancières et la plupart de ses organes mécaniques, économie oblige. La légende veut que Helmut Werner Bönsch, le directeur de la planification des produits, ait souhaité monter une caisse de coupé Lancia Flaminia sur un châssis de berline 502, afin de relancer la carrière du modèle à moindre coût. Fabriquée par Pininfarina, cette carrosserie de style Florida n'aurait demandé qu'un minimum de transformations pour s'adapter sur le châssis allemand. Mais l'ingénieur Fritz Fiedler, responsable du projet, préfère s'adresser à Nuccio Bertone. Conçu dans la plus grande

Dessiné par Giorgetto Giugiaro, le coupé 3200 CS Bertone reprend les éléments mécaniques de l'ancienne 503. (Ernst Deyle/BMW AG/BMW Group Archiv)

Une poupe gracieuse qui évoque les Alfa Romeo contemporaines, elles aussi imaginées par le maestro Giugiaro. (Ernst Deyle/BMW AG/BMW Group Archiv)

L'environnement intérieur : luxe, calme et volupté…
(Karl Attenberger/BMW Group Archiv)

tradition Grand Tourisme, cet imposant coupé arbore donc une robe inédite réalisée par Giorgetto Giugiaro, le jeune designer vedette du grand carrossier turinois. S'épanouissant sur une longueur imposante de 4,83 m, la ligne de la 3200 CS se caractérise par son classicisme exacerbé, presque déjà suranné, avec sa calandre statutaire et sa poupe fuyante, soulignée par deux feux circulaires que l'on retrouvera bientôt sur la 1600-02 Jubilé. La nouvelle BMW cible en effet l'Alfa Romeo 2600 et la Lancia Flaminia, toutes deux réputées pour leur raffinement. Seule véritable originalité, le pavillon sans montants se distingue par sa grande finesse. Il est le premier à présenter le fameux *Hofmeister Kink* – on ne sait pas vraiment qui, de Giorgetto Giugiaro ou de Wilhelm Hofmeister, inspira le premier ce trait de style bien particulier –, subtile courbure à la base de la lunette arrière, qui ornera par la suite bien d'autres productions de la marque. Comme ses illustres aînées, la 3200 CS pèche, elle aussi, par son prix prohibitif. En France, l'exotique BMW s'affiche à 53 500 F, lorsque la sublime Facel-Véga HK2, autrement plus performante, coûte 59 000 F. Et que dire de la sensuelle Jaguar Type E, qui ne vaut que 38 500 F ? Ne reste guère que le superbe coupé Mercedes-Benz 300 SE, vendu 58 400 F. Le vaisseau amiral de la marque à l'étoile ne peut pas être considéré

Le gros V8 BMW délivre 160 ch DIN à 5 600 tr/min. (Dr. Seifert/BMW Group Archiv)

Le cabriolet 3200 CS est construit en un seul exemplaire à la demande d'Herbert Quandt, qui l'utilisera un temps comme véhicule personnel.
(BMW AG et Baldassi/BMW AG/BMW Group Archiv)

Dessinée par Pietro Frua, l’élitiste Glas 2600 étrenne un V8 inédit, manquant cruellement de mise au point.
(BMW AG/BMW Group Archiv)

Plus puissante, la Glas 3000 V8 tente de résoudre les problèmes de fiabilité de sa devancière grâce à une meilleure mise au point. (BMW AG/BMW Group Archiv)

comme une voiture sportive, mais son image statutaire et sa finition irréprochable éclipsent complètement la malheureuse BMW.

Plus luxueuse que réellement sportive, la 3200 CS dispose du V8 de 3 168 cm^3. Alimenté par deux carburateurs Zénith double corps 36 NDIX, il délivre une puissance de 160 ch DIN à 5 600 tr/min. Une cavalerie confortable, certes, mais complètement dépassée face à la plupart de ses rivales, qui en affichent souvent le double. Lourde et peu maniable – 1 500 kg à vide –, la belle Allemande atteint 200 km/h en vitesse de pointe, lorsque les meilleures références de la catégorie frisent les 240 km/h dans de bonnes conditions. La messe est dite et le modèle se marginalise très vite. Seules 603 unités sont assemblées jusqu'en 1965, avant que l'originale 2000 CS prenne le relais. Mentionnons pour l'anecdote un unique cabriolet, construit à la demande d'Herbert Quandt pour son usage personnel. La 3200 CS aura cependant une descendante indirecte, en l'occurrence l'insolite Glas V8, introduite à l'automne 1965. Dessinée par Pietro Frua, la Glaserati, comme la surnomme ironiquement la presse automobile de l'époque, ressemble fort à la Maserati Quattroporte, œuvre récente du designer transalpin. Les problèmes financiers de la firme de Dingolfing obligent le bureau d'études à réutiliser nombre d'éléments empruntés à la grande série : entre autres Volkswagen, Mercedes-Benz et Porsche, mais aussi des cars Setra, dont les blocs

Le tableau de bord de la Glas 3000 arbore une présentation dans la plus pure tradition transalpine. (BMW AG/BMW Group Archiv)

Une esquisse de la future 2000 CS signée Georg Bertram, datant de 1964. (BMW AG/BMW Group Archiv)

La toute nouvelle BMW 2000 CS et la Glas 3000 V8 tranchent toutes deux par leur design original. (BMW AG/BMW Group Archiv)

optiques des phares sont identiques. Animée par un bloc 2 580 cm^3 de 150 ch DIN, la Glas 2600 est censée atteindre 200 km/h, une donnée peut-être un peu trop optimiste. Lancée hâtivement, cette première mouture manque en effet de mise au point et souffre d'une fiabilité relative, notamment à cause de ses carburateurs au fonctionnement erratique. Les essayeurs peinent à atteindre la vitesse de pointe promise, tandis que la suspension hydraulique, pourtant fort intelligemment conçue, ne donne pas toujours satisfaction. En septembre 1967, alors que Glas est déjà passée sous le contrôle de BMW, une version 3000 améliorée lui succède. Le V8 réalésé à 2 962 cm^3 fournit désormais 160 ch DIN, et la voiture est maintenant enfin en mesure d'atteindre les 200 km/h vantés par le catalogue. Cette ultime Glas 3000 hérite de discrets écussons BMW, mais conservera jusqu'à la fin sa calandre caractéristique. Il est vrai que les clients se font de plus en plus rares, le nouveau propriétaire ne faisant guère d'efforts pour soutenir la carrière d'un modèle aussi atypique. La confidentielle Glas 3000 s'éteint discrètement au printemps suivant, à l'instar des autres modèles de la marque. On dénombre alors une production totale d'à peine 665 exemplaires.

UNE GUEULE DE SQUALE

L'accueil mitigé de la 3200 CS incite la direction à accélérer le développement d'une gamme centrée autour de la berline *Neue Klasse*. Parallèlement à l'étude de la future série 02, l'usine songe également à lui adjoindre une version plus luxueuse dotée d'un habillage exclusif. Le carrossier Baur est consulté dans cette optique. Peu inspiré, ce dernier élabore un prototype qui ressemble curieusement à la plébéienne Ford Taunus 12 M. Cette proposition peu séduisante est rapidement écartée, et l'équipe de Wilhelm Hofmeister se met aussitôt à l'ouvrage. Les designers ne partent pas toutefois d'une feuille blanche. Car le prochain coupé CS gardera le superbe pavillon sans montants de son prédécesseur, afin de mieux affirmer sa filiation Grand Tourisme. L'adoption d'une structure monocoque permet cependant d'abaisser la ceinture de caisse dans des proportions notables, soulignant d'autant le profil très épuré de la voiture, qui s'étire sur une longueur de 4,53 m. Le porte-à-faux arrière, moins prononcé que celui de la berline, participe au dynamisme de la ligne : la malle de coffre raccourcie

Le coupé BMW entre en scène à l'automne 1965. Le pavillon est dépourvu de montant central, à l'instar des modèles américains. (BMW AG/BMW Group Archiv)

La 2000 C, un peu timide, est rapidement épaulée par une 2000 CS, plus puissante. (BMW AG/BMW Group Archiv)

met en relief la longueur accrue du capot-moteur, dans la plus pure tradition GT. La poupe est traitée de manière très classique, avec ses feux trapézoïdaux encadrant la plaque d'immatriculation, l'ensemble formant une sorte de bandeau horizontal délimité par un jonc chromé. En revanche, la face avant surprend par son dessin baroque assez compliqué. Wilhelm Hofmeister a surdimensionné la taille du double haricot central, tout en supprimant les grilles de calandre latérales, remplacées par des ouïes d'aération à la base du pare-chocs. Pour ne rien arranger, les imposants blocs optiques trapézoïdaux – qui regroupent phares, clignotants et projecteurs longue portée – manquent singulièrement de finesse et confèrent à la voiture une moue boudeuse. Une audace stylistique controversée qui ne laisse pas indifférent, louée par les uns et détestée par les autres. Présenté à l'automne 1965, le nouveau coupé 2000 C est maintenant fabriqué en sous-traitance dans les nouveaux ateliers de Wilhelm Karmann à Rheine, l'usine n'ayant pas reconduit sa collaboration avec Nuccio Bertone. BMW espère en effet soutenir des cadences de production plus élevées et le carrossier westphalien s'avère bien meilleur marché que son homologue turinois.
Établi sur la plateforme de la berline, le modèle en conserve l'empattement de 2,55 m. Reprenant la plupart de ses éléments mécaniques, il étrenne cependant une extrapolation inédite

Une calandre controversée, admirée par les uns, détestée par les autres… (BMW AG/BMW Group Archiv)

Une poupe beaucoup plus classique. (BMW AG/BMW Group Archiv)

Une finition extrêmement soignée, aux antipodes du dépouillement fonctionnel de la série 02. (BMW AG/BMW Group Archiv)

La 2000 CS en cours de finition sur la chaîne de montage. (Damboski/BMW AG/BMW Group Archiv)

du quatre-cylindres M10, dont la berline n'héritera que quelques mois plus tard. Encore timide, ce bloc de 1 990 cm^3 conserve une architecture supercarrée – 89 x 80 mm –, son taux de compression étant volontairement limité à 8,5 à 1. Alimenté par un carburateur inversé Solex 40 PDSi, il fournit modestement 100 ch DIN à 5 500 tr/min, pour un couple maximal de 12 mkg obtenu à 3 000 tr/min. Le coupé BMW accuse près de 1 180 kg sur la balance, rançon d'une finition particulièrement soignée. Si l'austérité affichée de la berline peut légitimement rebuter l'amateur fortuné, le constructeur a consenti beaucoup d'efforts pour rendre la vie à bord plus chaleureuse. L'habitacle lumineux accueille avec égard ses passagers, même si la BMW s'apparente davantage à une 2+2 qu'à une vraie quatre-places. La planche de bord, la console centrale et le volant sont généreusement garnis d'appliques de bois véritable d'aspect très cossu. La liste des options comprend un toit ouvrant – à commande électrique ou manuelle –, des lève-vitres avant électriques – les vitres de custode en sont déjà pourvues –, une sellerie en cuir et même une boîte automatique ZF à trois rapports, destinée à séduire en priorité la clientèle nord-américaine. Cet embonpoint prononcé se révèle préjudiciable aux performances, la 2000 C "embourgeoisée" dépassant de peu les 170 km/h chrono. Signe révélateur, le constructeur n'a même pas jugé bon de l'équiper de barres stabilisatrices, seulement disponibles en option. Heureusement, BMW introduit dès février 1966 une 2000 CS bien plus convaincante. Gavé par deux carburateurs Solex 40 PHH, le moteur voit son taux de compression relevé à 9,5 à 1. Il revendique désormais 120 ch DIN à 5 500 tr/min, une puissance "suffisante" pour atteindre 185 km/h en vitesse de pointe et abattre le 0-100 km/h en moins de 11 secondes. Sur le marché français, la 2000 CS s'échange contre un chèque de 29 800 F, lorsque les ultimes 3200 CS s'affichent à 56 500 F...
La 2000 CS connaît son heure de gloire au cinéma dans *Le Cerveau* de Gérard Oury (1969). L'élégant coupé conduit par la sublime Silvia Monti sème inexorablement le vieux taxi Citroën 11 CV de Bourvil et Jean-Paul Belmondo.
Dans la revue *Moteurs* parue en janvier 1967, Alain Bertaut précise : "Sur les itinéraires normaux et variés que nous avons empruntés le plus souvent à cadence rapide, la tenue de route s'est révélée exemplaire en raison tant de l'efficacité de la suspension que du remarquable équilibre de la voiture. Dans la majorité des cas, on a

Cette 2000 CS embarque pour Londres dans un avion-cargo. (C. T. Hoepner/BMW AG/ BMW Group Archiv)

La 2000 CS est dotée de doubles optiques spécifiques outre-Atlantique. (BMW Group Archiv)

la sensation d'une voiture neutre qui est légèrement sous-vireuse dans les grandes courbes rapides. Dans les virages plus serrés, le caractère sous-vireur est plus accentué. Sur le circuit de Montlhéry, à la limite des possibilités de la voiture, nous avons eu affaire à un comportement un peu différent dans la mesure où l'attaque des courbes serrées est plus brusquée : alors que la voiture survire, le retour sur la trajectoire ne nous a jamais posé de problème. Mais dans la mesure où le virage est suffisamment long et que la voiture se stabilise, l'écrasement trop prononcé sur la roue avant extérieure provoque un délestage de la roue arrière intérieure qui perd parfois une bonne partie de son adhérence, d'où une perte de temps par suite du patinage de cette roue. [...] Nous avons trouvé dans le coupé BMW 2000 CS une véritable voiture de Grand Tourisme faite pour couvrir de longues distances sur route. Il n'est pas question d'en tirer les joies que procure une voiture sportive mais l'expérience nous a montré qu'elle est capable de convenir aussi bien à l'amateur de conduite rapide. Sur un parcours sinueux, la direction rend la voiture fatigante à cause de sa fermeté. Mais en règle générale, le confort, le silence de fonctionnement comme les moyennes élevées que l'on réalise en toute sécurité en font un exemple d'homogénéité." Un peu en deçà des données usine, Alain Bertaut parvient à chronométrer sa monture à 182 km/h sur le circuit de Montlhéry. Il abat le 400 mètres départ arrêté en 17,4 secondes et le 1000 mètres en 32,4 secondes.

LE RETOUR DU SIX-CYLINDRES

Si originale soit-elle, la 2000 CS, animée par un "simple" quatre-cylindres, éprouve bien des difficultés à susciter l'intérêt des propriétaires de Mercedes-Benz, voire de Porsche, hermétiques à ses charmes décalés. Le modèle s'efface à la fin du millésime 1968 : 443 coupés 2000 C et 3 249 coupés 2000 CA à boîte automatique sont tombés des chaînes, la CS étant de loin la plus diffusée, avec un total de 9 999 unités. Cependant, les stocks ne sont pas encore épuisés et le modèle sera commercialisé jusqu'au printemps 1969. BMW n'en abandonne pas pour autant son offensive sur le haut de gamme, avec l'ambition affichée d'aller chasser sur les terres du géant Mercedes-Benz. La marque à l'étoile domine sans partage le segment avec sa prestigieuse série W108/109. Quintessence d'un classicisme "statutaire", l'opulent vaisseau dessiné par Paul Bracq se prévaut d'une finition irréprochable et d'une pléthore de motorisations plus généreuses les unes que les autres. Une véritable institution que BMW va tenter d'affronter en dévoilant à l'automne 1968 la série E3. Constituée des sobres berlines 2500 et 2800, cette grande routière de 4,70 m de long reprend l'architecture générale de la "petite" 2000, mais avec des dimensions plus généreuses. Une réussite esthétique incontestable, à porter au crédit de l'équipe de Wilhelm Hofmeister, qui s'est une fois encore surpassée. Leur compartiment moteur abrite deux six-cylindres en ligne de type M06, dérivés du bloc M10, toujours conçus par l'équipe d'Alex von Falkenhausen et Bernhard Oswald. Ces motorisations sophistiquées se caractérisent par leur vilebrequin à sept paliers, équilibré par douze contrepoids. Elles sont très réputées pour leur douceur de fonctionnement, tandis que leurs chambres de combustion munies de trois cavités sont censées assurer une combustion idéale. L'une comme l'autre sont alimentées par deux carburateurs Zenith 32/40 INAT. Développant 150 ch DIN à 6 000 tr/min, le moteur 2 494 cm^3 – 86 x 71,6 mm – est épaulé par un dérivé plus musclé de 2 788 cm^3 – 86 x 80 mm – crédité de 170 ch à 6 000 tr/min. Dans *L'Automobile Magazine* de mars 1969, Jean-Paul Thévenet brosse un portrait élogieux du nouveau moteur après avoir testé la berline 2500 : "Ce six-cylindres est un mélange de fougue et de docilité, de rage et de douceur, de majesté et de soumission. À travers toutes ces oppositions se silhouette aisément son portrait : celui d'un mécanisme intelligent, personnalisé, susceptible de donner autant de satisfaction au sportif qu'à celui qui se limitera à une utilisation très sage. Cette polyvalence, cette homogénéité nous semblent importantes à souligner, car elles répondent parfaitement à l'esprit du Grand Tourisme, hélas encore beaucoup trop rare, même sur les voitures d'un prix élevé. Hors de quelques vibrations, bien faibles au demeurant, sur le ralenti, les

Présentée en 1968, la berline 2800 cible la récente Mercedes-Benz Classe S, best-seller de la catégorie. (BMW AG/BMW Group Archiv)

La 2500 de base offre déjà des performances "suffisantes". (BMW AG/BMW Group Archiv)

plus hauts régimes sont atteints sans la moindre protestation. Sur toute plage utilisable, le niveau sonore est de très bonne qualité. On ne relève jamais la moindre variation de bruit et cette constance est un facteur d'agrément et de confort très appréciable. Le crissement feutré des six-cylindres, soutenu en sourdine par un miaulement agressif, installe, à l'intérieur de l'habitacle, un concert modéré, mais contribuant à installer une ambiance toute de ravissement et de sentiment de sécurité. Il est bien entendu que le côté le plus irrésistible, le plus attirant, de ce moteur prend toute sa dimension lorsque l'on sollicite des régimes élevés. Il faut, en passant, souligner un fait très important : cette belle mécanique ne vous donne jamais la sensation de vous propulser à vive allure. Certes, la voiture bondit sous le fouet de l'accélérateur, mais le régime maxi atteint, la 'rondeur' de son fonctionnement, son onctuosité – bref sa bonne éducation – sont telles que l'on ne se sent jamais invité à un quelconque exercice de domptage, et le conducteur arrive presque à juger malséant de conduire un tel équipage, sinon sans chapeau, tout au moins sans cravate. [...] Tout cela réuni fait que, sur route, sans le moindre goût de compétition, les poursuivantes les plus rapides de cette voiture n'aperçoivent pas très longtemps son feu rouge ! Une légère recommandation toutefois, pour les utilisateurs qui roulent toujours 'le pied au plancher', surtout sur autoroute : en vitesse maxi [187,217 km/h selon le mensuel] le compte-tours indique légèrement plus de 6 300 tr/min (la zone limite se situant à ce chiffre) à la moindre descente, la voiture accepte encore de prendre 200 à 300 tours sans que le niveau sonore augmente et sans que tout autre signe indique (hormis le compte-tours bien entendu) que l'on est en plein surrégime. Il faut donc faire attention, car, ici, l'inattention répétée peut certainement inquiéter la longévité du moteur. Cela dit, sur route moyenne, les gens pressés n'abandonneront pratiquement jamais la quatrième. La réserve, la répartition de puissance, la souplesse moteur sont telles que ce modèle arrive à se conduire exactement comme s'il était équipé d'une transmission automatique." Jean-Paul Thévenet abat le 400 mètres départ arrêté en 17 secondes et le 1 000 mètres en 31,7 secondes. Des prestations remarquables pour une "lourde" berline accusant 1 300 kg sur la balance...

La marque en profite pour lancer dans la foulée un coupé revu et corrigé dit E9, nanti de cette motorisation inédite, dans sa version la plus puissante, bien entendu. Un séduisant cocktail rebaptisé 2800 CS, qui récupère la caisse de sa devancière, profondément modifiée dans toute sa partie avant. La calandre est entièrement redessinée dans le style plus avenant de la berline E3, arborant maintenant deux grilles latérales dotées de

Une berline statutaire destinée à séduire les hommes d'affaires pressés. (BMW AG/BMW Group Archiv)

Une finition plus cossue que celle de la berline *Neue Klasse*. (BMW AG/BMW Group Archiv)

Lancé dans la foulée de la berline, le coupé 2800 CS adopte une calandre redessinée dans un style plus classique. Son compartiment-moteur a dû être agrandi pour accueillir l'imposant six-cylindres en ligne. (BMW AG/BMW Group Archiv)

doubles optiques, un masque avant reconnaissable entre mille qui ornera les BMW jusqu'à la fin des années 1980. Le capot est sensiblement allongé, la longueur hors-tout atteignant 4,66 m, soit 13 cm de plus que l'ancienne mouture. Malgré un poids en hausse – 1 355 kg à vide –, la 2800 CS franchit le cap des 205 km/h avec une grande aisance, offrant à ses passagers un confort exceptionnel. Les ingénieurs ont augmenté la largeur des voies, afin que les trains roulants puissent "digérer" le surcroît de puissance du six-cylindres sans altérer outre mesure la tenue de route. La suspension arrière bénéficie d'ailleurs d'un correcteur d'assiette Boge Nivomat, et d'un différentiel à glissement limité, hérités de la luxueuse berline E3. La direction assistée est proposée en option, une lacune vivement critiquée sur la 2000 CS. Les vitres électriques, le toit ouvrant, la sellerie en cuir, des tapis de sol en moquette et non plus en caoutchouc, la lunette arrière dégivrante et bientôt l'air conditionné sont également disponibles en option, moyennant un supplément important. En juillet 1970, l'impitoyable André Costa livre ses impressions dans les pages de *L'Automobile Magazine* : "Le coupé 2800 CS est agréable à conduire

La nouvelle venue brille par ses performances exceptionnelles. (BMW AG/BMW Group Archiv)

Un tableau de bord plus "viril" que celui de la 2000 CS. (BMW AG/BMW Group Archiv)

en toutes circonstances, en raison du parfait équilibrage, de la souplesse et de la grande puissance disponible de son moteur, sitôt que l'on atteint 2 500-3 000 tr/min. En ville, si l'on a le pied léger, la voiture circule à très faible régime, sans un bruit et, sitôt que l'on commence à jouer de la boîte, elle fait preuve d'une nervosité extrêmement convaincante, avec une troisième qui accepte de monter à près de 160 km/h au compteur. Certes, il ne s'agit pas d'une voiture de compétition, mais la désinvolture tranquille avec laquelle le moteur fait grimper l'aiguille du compteur fait plaisir à voir et permet d'aligner, en toute nonchalance, des moyennes routières remarquables, même sur des petites routes sinueuses. Un reproche, pourtant, d'ailleurs commun à la plupart des BMW, l'embrayage possède une course très importante, qui contraint à d'amples mouvements du pied gauche. [...] La direction est évidemment très douce, directe, mais l'on sent bien la route et elle procure à la voiture une maniabilité étonnante, par rapport à son poids et à ses cotes d'encombrement. Sans parler d'un rayon de braquage qui frôle l'exceptionnel : le CS s'inscrit avec docilité dans les virages les plus serrés, tandis que les alternés sont négociés avec beaucoup de bonne volonté. Évidemment, le poids ainsi que les réglages d'une suspension malgré tout relativement touristique se font sentir si l'on appuie la voiture à très grande vitesse, dans des courbes à rayon moyen. Même en gonflant fortement, on sent une amorce de roulis, d'ailleurs plus désagréable que dangereuse et qui n'apparaît que dans les cas extrêmes. Les freins sont assez

Le stand BMW au Salon de Bruxelles 1968 : les nouveaux modèles six-cylindres y figurent en bonne place. (Carl Alex/BMW AG/BMW Group Archiv)

puissants, assez stables et assez endurants : en termes clairs, ils ne sont pas tout à fait dignes des performances et de la tenue de route de la voiture. L'équipement général est d'un luxe de bon aloi et il comporte peu de lacunes. [...] Bien que possédant la plupart des caractéristiques d'une voiture de luxe, le coupé 2800 CS est doté également d'un cachet sportif qui le distingue de la plupart de ses concurrents. Malgré une suspension relativement raide – mais malgré tout en progrès, semble-t-il, à grande vitesse, par rapport aux autres modèles de la marque –, le confort général est satisfaisant, dans le cadre d'utilisation d'une 2+2 spacieuse. Voiture de ville, en raison de sa grande souplesse, de la douceur de sa direction et de son étonnant rayon de braquage, le CS est également l'engin d'autoroute que l'on attendait, mais aussi une voiture sportive très agréable à conduire sur itinéraire sinueux. En somme, un cocktail comme on les aime, malgré son prix..."

André Costa relève une vitesse de pointe de 200,3 km/h. Il abat le 400 mètres départ arrêté en 16,8 secondes, le 1 000 mètres départ arrêté étant couvert en 31,2 secondes. Le célèbre journaliste avoue une consommation moyenne de 21,6 litres aux 100 km en conduite "sportive", indiquant plus raisonnablement 12,6 litres en maintenant une vitesse de 90 km/h...

Équipée d'un bloc de 2 985 cm^3 – 89 x 80 mm –, la 3.0 CS lui succède dès le printemps 1971, une cylindrée supérieure dont profite aussi la berline E3. La puissance est portée à 180 ch DIN à 6 000 tr/min, autorisant une vitesse de pointe de 215 km/h selon l'usine. Le coupé BMW accuse maintenant plus de 1 400 kg en ordre de marche. Un peu à la peine, le freinage mixte de la précédente 2800 CS adopte enfin des disques sur les quatre roues,

La 2800 CS entame aussitôt une carrière en compétition. Ici, deux exemplaires surpris aux 24 Heures de Spa-Francorchamps 1969, dont l'un a été préparé par Alpina, partenaire privilégié de l'usine. (Robert Kröschel/BMW AG/BMW Group Archiv)

Exclusivement réservée au marché américain, la 2800 Bavaria affiche une finition simplifiée. Malgré son tarif très attractif, elle ne parviendra pas à s'imposer. (BMW AG/BMW Group Archiv)

Version d'entrée de gamme, le coupé 2.5 CS récupère le plus petit des six-cylindres de la berline. (BMW AG/BMW Group Archiv)

comme sur les berlines 2500 et 2800. Le magazine *Sport Auto* publie l'un des premiers essais détaillés de la nouvelle venue, pilotée par José Rosinski : "Dès la mise en route, et les premiers tours de roue, la principale qualité de cette voiture apparaît : un merveilleux silence de fonctionnement. Ceci est d'abord dû à la qualité de construction, évidente, lorsque, par exemple, on roule sur une chaussée pavée ou en mauvais état : malgré les gros et durs pneus VR, aucune vibration ne passe, aucun bruit de carrosserie ne se manifeste ; c'est vraiment spectaculaire. De plus, le moteur, inaudible au ralenti, s'avère très peu bruyant jusqu'au régime maximal. Et à vitesse élevée, la carrosserie engendre peu de sifflements aérodynamiques. De ce point de vue, le confort est tout à fait excellent, d'autant que toutes les commandes, volant, pédales, levier de vitesse, sont très douces et que le moteur se révèle souple à souhait. En ce qui concerne la suspension, par contre, il y a lieu d'être moins satisfait. À bord d'une voiture de ce style, on s'attendrait en effet à trouver moins de sécheresse, et un amortissement plus efficace, notamment au passage d'obstacles de faible amplitude. Par contre, le roulis est très bien combattu, et la tenue de route peut être considérée comme très satisfaisante en conduite rapide. Le comportement de la voiture est fort bien équilibré, et tout à fait neutre ; la tenue de cap est correcte. Nous n'aurons qu'un reproche à adresser à BMW à cet égard : une tendance à engager en entrée de virage, à laquelle on s'habitue, bien sûr, mais qui est cependant excessive et exige une certaine concentration. Ceci est surtout sensible lorsqu'il faut négocier une courbe à grande vitesse, car la direction assistée, si elle est précise, manque de fermeté. Dans ces conditions, le mouvement à imprimer au volant tend à provoquer un trop grand braquage des roues, et donc une erreur de trajectoire, surtout lorsqu'on a la voiture pas tout à fait en main. Par ailleurs, cette direction est un peu

Disponible dès le printemps 1971, la 3.0 CS hérite de freins à disque sur les quatre roues, corrigeant le seul véritable point faible de sa devancière. (BMW AG/BMW Group Archiv)

La 3.0 CS règne sans partage sur les autoroutes allemandes. Sa cylindrée légèrement supérieure lui permet de friser les 215 km/h chrono dans de bonnes conditions. (BMW AG/BMW Group Archiv)

Concurrentes directes de l'opulent coupé BMW, la géniale Citroën SM et l'insolite Alfa Romeo Montréal pèchent par leur fiabilité aléatoire. (Citroën Communication et archives E-T-A-i)

trop démultipliée : quatre tours de volant d'une butée à l'autre. À son crédit, il faut cependant porter qu'elle ne transmet aucune réaction, et que son assistance laisse suffisamment de sensibilité au conducteur. On ne peut en dire autant du freinage qui, s'il paraît puissant, stable et bien équilibré, est assez délicat à doser et exige un pied 'léger'. Là encore, on s'accoutume, mais une grande précision serait néanmoins appréciée. D'autre part, les garnitures montées sont quelquefois bruyantes, à chaud notamment. Au total, l'agrément du coupé BMW est certain. Il est plus maniable que ses dimensions le laisseraient croire ; son confort est d'un niveau élevé et sa tenue de route est très sûre." José Rosinski parcourt le 1 000 mètres départ arrêté en 29,9 secondes. Poussant la voiture dans ses derniers retranchements, il atteint 208 km/h à 6 400 tr/min.

Les sièges façon baquet accueillent confortablement les deux passagers arrière. (BMW AG/BMW Group Archiv)

La transmission automatique optionnelle se marie fort bien au caractère généreux du coupé 3.0 CS. (BMW AG/BMW Group Archiv)

Proposée en parallèle à partir de l'automne, l'injection électronique Bosch se substitue aux deux carburateurs Zénith. Accusant une consommation moindre, le six-cylindres culmine à 200 ch DIN à 5 500 tr/min, un cap symbolique qui fait rêver bien des amateurs de sensations fortes. Tarifée 59 500 F au millésime 1972, la 3.0 CSi est capable de rouler à plus de 220 km/h chrono sur des autoroutes encore libres de toutes limitations. Seules l'Alfa-Romeo Montréal (60 000 F) et la Citroën SM (53 600 F) peuvent maintenir des vitesses de croisière aussi élevées en toute sécurité, et surtout dans un confort similaire. Une transmission automatique est à nouveau proposée sur les deux versions. BMW espère ainsi séduire des fidèles de Stuttgart encore un peu hésitants, la somptueuse Mercedes-Benz 350 SLC s'affichant à 74 200 F hors options. La 3.0 CS et la 3.0 CSi vont cohabiter au catalogue jusqu'en décembre 1975, date à laquelle la nouvelle série 6 entre en scène. Mentionnons également l'anecdotique 2.5 CS, lancée en catastrophe après la crise énergétique. Introduite au printemps 1974, cette version simplifiée dotée du moteur de la berline 2500 de base, peu convaincante au demeurant, ne rencontre guère de succès. Seuls 844 coupés 2.5 CS sont assemblés, contre 9 399 2800 CS, 11 063 3.0 CS et 8 142 CSi. Des chiffres de production honorables pour un véhicule aussi élitiste, qu'il convient de comparer aux 220 957 berlines E3 construites

Le coupé 3.0 CSi est présenté durant le Salon de Bruxelles 1971.
(Laukat/BMW AG/BMW Group Archiv)

L'injection Bosch permet d'atteindre le cap symbolique des 200 ch DIN, une puissance exceptionnelle au tout début des années 1970.
(BMW AG/BMW Group Archiv)

La crise pétrolière de 1973 handicape sérieusement la carrière du vaisseau amiral de Munich, qui ne parvient pas à faire vaciller la suprématie de la marque à l'étoile. (BMW AG/BMW Group Archiv)

L'éphémère et "économique" 2.5 CS tente de relancer les ventes du modèle, sans grand succès. (BMW AG/BMW Group Archiv)

La gamme américaine du millésime 1973. La série 02, la berline Bavaria et le coupé 3.0 CS sont affublés de disgracieux pare-chocs sécuritaires. (BMW AG/BMW Group Archiv)

jusqu'en 1977, date à laquelle la série 7 prend le relais. Le vaisseau amiral munichois n'est jamais parvenu à faire vaciller la suprématie de la Mercedes-Benz Classe S. Et ce malgré l'introduction d'un modèle spécifique au marché américain, la Bavaria, proposée à un tarif très étudié. Pas plus qu'avec les versions longues, dont les dernières évolutions bénéficieront même d'un bloc spécifique de 3 285 cm^3. Commercialisées à partir du printemps 1974, ces ultimes variantes tentent en vain de s'attaquer à la nouvelle Classe S de la génération W116, elle aussi déclinée en châssis long.
Bien entendu, le potentiel sportif du coupé BMW suscite bien vite l'intérêt des *gentlemen drivers*, qui fustigent néanmoins son poids élevé, conséquence de sa finition très luxueuse. À leur intention,

Les ultimes berlines de la génération E3 disposent d'un empattement long, à l'instar de la Mercedes-Benz W116. (BMW AG/BMW Group Archiv)

L’impressionnante 3.0 CSL se distingue par ses appendices aérodynamiques surdimensionnés, ce qui lui vaudra bien vite le surnom de “Batmobile”. (BMW AG/BMW Group Archiv)

l'usine concocte une 3.0 CSL – pour *leight* – à la taille mannequin, commercialisée à l'automne 1971. Destinée à la compétition, cette version très radicale est produite à 169 exemplaires. Elle se distingue par ses panneaux de carrosserie en aluminium, sa finition volontairement dépouillée, ses sièges baquets Scheel et son volant à trois branches Alpina. Le montage de l'énorme spoiler a entraîné la disparition du pare-chocs avant, tandis que le pare-chocs arrière, réalisé en fibre de verre, pèse à peine plus de 2 kg. Fournies par Alpina, les jantes spécifiques de sept pouces sont chaussées d'énormes pneumatiques Michelin XWX 195/70 VR14. L'absence de garnitures insonorisantes et une lunette arrière en Plexiglas contribuent également à faire baisser le poids à moins de 1 200 kg. Dotée de l'injection, une seconde série plus luxueuse est introduite à l'automne 1972. Elle est souvent commandée avec l'équipement "paquet de ville", très prisé par une clientèle fortunée qui n'achète pas nécessairement la 3.0 CSL pour l'aligner en compétition : les portières en acier, les vitres en verre, la direction assistée, les moquettes et les garnitures du coupé standard alourdissent à nouveau la voiture, certains exemplaires recevant même l'air conditionné... On dénombre un total de 539 véhicules en direction à gauche et 500 autres en direction à droite. Ce modèle marque durablement les esprits par ses appendices aérodynamiques disproportionnés, ce qui lui vaudra le surnom de Batmobile. Parmi les 539 voitures construites avec la direction à gauche, 110 reçoivent un moteur spécifique de 3 153 cm^3 – 89,25 x 84 mm – développant officiellement 206 ch DIN à 5 600 tr/min et capable de supporter des gonflages importants. Assemblée en 57 unités seulement, la troisième et ultime série est diffusée au compte-gouttes entre 1974 et 1975. Exclusivement motorisée par le bloc 3 153 cm^3, elle ne diffère de la génération précédente que par quelques détails aérodynamiques, notamment au niveau de l'aileron arrière, articulé en trois parties. Chronométrant un exemplaire strictement de série, José Rosinski parvient à abattre le 400 mètres départ arrêté en 15 secondes et le 1 000 mètres en 27,5 secondes. Dans les pages de *Sport Auto*, il précise en septembre 1973 : "Le coupé BMW 'normal' est certes une excellente voiture. Cependant, nous n'avons jamais apprécié sa direction assistée, qui est molle et dépourvue de sensibilité au point que la précision de conduite s'en trouve affectée. Comme par enchantement, ces défauts disparaissent avec la version aérodynamique. Et d'autres caractéristiques, comme la tenue de cap, la résistance au vent latéral, l'équilibre, se trouvant spectaculairement améliorées. Comme par enchantement, disons-nous, mais pas par miracle. L'étude attentive et sérieuse qui a abouti ici a permis d'augmenter sensiblement les appuis aérodynamiques sur la carrosserie sans en augmenter la traînée. Ceci signifie que

Le tableau de bord toujours aussi cossu ne diffère guère de la version de série. (BMW AG/BMW Group Archiv)

Débarrassée de ses appendices aérodynamiques optionnels, la 3.0 CSL standard conserve une certaine discrétion. (Karl Attenberger/BMW AG/ BMW Group Archiv)

La 3.0 CSL s'offre des sièges baquets spécifiques et une finition plutôt luxueuse, une partie non négligeable de la clientèle (fortunée) ne l'achetant nullement pour courir. (Gudrun Muschalla/BMW AG 2013/ BMW Group Archiv)

La version compétition, bestiale dans tous les sens du terme : ailerons hypertrophiés, ailes élargies au maximum, pneumatiques racing surdimensionnés, suspensions renforcées, habitacle dépouillé et moteur poussé dans ses derniers retranchements.
Une bête de course radicale à mille lieues du gracile coupé de série... (Wilfried Göbel/ BMW AG/BMW Group Archiv)

l'écoulement de l'air est utilisé pour empêcher les délestages avant (c'est le rôle du tablier) et arrière (aileron). L'air est guidé sur le capot avant par les petites dérives qui encadrent les ailes, puis au-dessus du pavillon par le déflecteur qui guide les volets sur l'aileron. Les hautes dérives qui soutiennent ce dernier permettent, outre l'accroissement de l'efficacité proprement dite de l'aileron, de déplacer vers l'arrière le centre de poussée, d'où une diminution de la sensibilité au vent latéral. Enfin, le becquet évite que ces filets se décollent anarchiquement et créent un tourbillon qui perturberait leur écoulement et augmenterait la traînée, ce qui nuirait à la fois à l'appui et à la vitesse de pointe. Donc, la tenue de cap est irréprochable, nous l'avons vérifié à environ 220 km/h sous une pluie battante. La direction, sans être nullement lourde, devient précise et transmet dans les mains tous les renseignements (pas les chocs !) nécessaires au conducteur sur l'état de la chaussée ; la stabilité, l'équilibre de la voiture en courbes sont accrus de manière sensible. Et le tout avec un gain d'environ 15 % sur la finesse !" La 3.0 CSL va glaner six titres de championne d'Europe en Groupe 2 et deux victoires de classe au Mans, sans compter d'innombrables succès dans le championnat IMSA américain. Beau palmarès s'il en est. Au début des années 1970, le coupé CSL devient même une œuvre d'art au service de la compétition grâce à Hervé Poulain. Passionné d'art contemporain, le célèbre commissaire-priseur parvient à convaincre BMW d'engager au Mans 1975 un véhicule décoré par Sandy Calder, qui le transforme en sculpture "mobile", chère à ses préceptes. Les mythiques *Art Cars* sont nées. Un essai concluant pour le constructeur munichois, qui réitère l'expérience lors des éditions suivantes : Frank Stella décore une BMW façon "papier millimétré" en 1976, suivi de Roy Lichtenstein en 1977, et d'Andy Warhol en 1979…
En février 1975, dans les pages d'*Échappement*, Gilles Dupré brosse un portrait élogieux de la 3.0 CSL officielle préparée par l'usine en

La 3.0 CSL se heurte à sa plus dangereuse rivale sur les circuits : la redoutable Ford Capri 2600 RS. (BMW AG/BMW Group Archiv)

Groupe 2, face à sa rivale déclarée, la Ford Capri 2600 RS. La BMW a beau achever sa carrière, elle n'en reste pas moins très compétitive : "La Capri et la BMW ont des caractères, des personnalités, des tempéraments bien différents bien qu'au sommet, elles se retrouvent avec des performances égales. La grande particularité de cette BMW provient de ses pneus Michelin. En effet, on sait que Dunlop domine en Tourisme, pourtant les efforts de Michelin ne manquent pas d'intérêt. Pour être tout à fait objectif, il faut tout d'abord préciser que le Michelin est encore un peu inférieur au Dunlop sur un tour du Ricard, par exemple, bien que la vitesse de pointe de la BMW soit plutôt meilleure en Michelin qu'en Dunlop. Ce qui est intéressant, c'est le travail de Michelin dans un domaine, la piste, qu'il connaissait moins que les routes de rallye où Michelin enfonce ses adversaires. [...] Au volant de la BMW, ce qui surprend tout de suite, c'est la facilité de conduite... apparente. En effet, contrairement aux Dunlop, les pneus Michelin vont très bien sur le circuit routier de Montlhéry. D'autre part, la limite de tenue de route de la BMW est tellement reculée que l'on en est époustouflé. Telle qu'elle était réglée, au maximum du survirage, elle restait encore lourde en épingle mais il s'en dégageait une remarquable neutralité et une stabilité ajoutées à une précision de toutes les commandes, qui en font une voiture extraordinaire et sûre. Mais attention, il faut se méfier des jugements trop hâtifs. En effet, ce parfait équilibre de la BMW se retourne un peu contre elle lorsqu'il s'agit, même si ce n'est bien sûr pas le cas au cours d'un tel essai, d'aller très vite. La BMW devient alors très pointue à conduire, d'autant plus que ses limites sont très reculées. [...] Par contre, la Capri dont la limite est moins reculée est certainement moins difficile, tout est relatif, à piloter en allant très vite car le pilote pourra plus facilement la dominer et lui imposer sa loi. Les Groupe 2 sont élaborées à partir

Préparée par Alpina, la voiture de Rolf Stommelen à Zandvoort en 1975. (Ferdi Kräling/BMW AG/ BMW Group Archiv)

La 3.0 CSL décorée par Frank Stella en 1976. (Robert Kröschel/ BMW AG/BMW Group Archiv)

La nouvelle série 6 arrive au millésime 1976. (BMW AG/BMW Group Archiv)

de berlines très diverses à l'origine. Personne ne nous contredira en affirmant qu'une BMW 3.0 CSL possède des qualités routières supérieures à celles d'une Capri 2600 RS (elle n'est plus fabriquée), fantastique par ailleurs si l'on tient compte du fait que la BMW vaut à peu près le double de la Ford. Or, malgré ces différences au niveau des voitures de série, les Groupe 2, une fois élaborées, se retrouvent à égalité. Pourtant, les différences constatées sur les voitures de série peuvent très bien expliquer la différence de comportement et de caractère entre la Capri et la BMW." Le journaliste relève des temps d'accélération à couper le souffle. La Ford Capri abat le 400 mètres départ arrêté en 13,9 secondes, battue d'une courte tête par la BMW, qui parcourt la même distance en 13,7 secondes. La 3.0 CSL se montre également la plus rapide sur l'épreuve du 1 000 mètres départ arrêté, qu'elle franchit en 25 secondes tout rond, talonnée de près par la Capri, qui a besoin de 25,8 secondes sur le même exercice. La Ford est animée par un V6 supercarré poussé à 325 ch à 7 200 tr/min. Elle ne pèse que 900 kg en ordre de marche. Si la BMW, plus lourde, atteint quant à elle 1 080 kg, cette dernière peut toutefois compter sur une puissance largement supérieure. Elle revendique 376 ch à 7 800 tr/min, grâce à sa cylindrée portée à 3 500 cm^3, comme l'y autorise le règlement. Vainqueur de sa catégorie lors des 24 Heures du Mans 1974, l'impressionnant coupé a d'ailleurs été chronométré à 287 km/h dans la célèbre ligne droite des Hunaudières. Si le coupé E9 en fin de carrière va bientôt laisser sa place à la nouvelle série 5 sur les circuits, il n'en a pas moins servi de mulet pour mettre au point un servo électronique empêchant le blocage intempestif des freins, ancêtre de l'ABS, pour l'heure exclusivement réservé aux véhicules de compétition...

De loin la version la plus produite de toute la série 02, la 2002 rencontre un très grand succès commercial. BMW s'impose parmi les meilleurs spécialistes de voitures de sport de moyenne cylindrée, dominant désormais un segment que l'on n'appelle pas encore *premium*. (BMW AG/BMW Group Archiv)

LA 2002,
ARCHÉTYPE DE LA SPORTIVE CONTEMPORAINE

Loin de se reposer sur ses lauriers, BMW ne cesse de diversifier sa gamme en proposant des déclinaisons de plus en plus performantes. Accueillant sous son capot un bloc 2 litres, la série 02 bouscule l'ordre établi, quelques mois seulement après le lancement de la 1600 Ti.

NOUVEAU MOTEUR, NOUVELLE APPELLATION

En février 1966, la berline *Neue Klasse* adopte le bloc 1 990 cm^3 jusqu'alors exclusivement réservé aux coupés 2000 C et CS. Disposant de 100 ch DIN, la 2000 standard roule à 165 km/h, tandis que la 2000 Ti – qui pousse à la retraite l'ancienne 1800 Ti – accroche les 180 km/h chrono grâce à ses 20 ch supplémentaires. Dans le numéro de *Sport Auto* de mars 1967, José Rosinski précise toutefois : "Sans doute, la tenue de route est très sûre, se caractérisant en conduite rapide par un équilibre de belle facture et un seuil de rupture d'adhérence qu'il faut s'employer pour atteindre. Mais menée sportivement – et pourquoi ne pas le faire, la Ti a été conçue pour cela –, on constate une violente propension à sous-virer – au premier abord surprenante. Celle-ci contrée en faisant décrocher l'arrière, on ressent alors fâcheusement l'absence d'un différentiel autobloquant qui empêche la roue arrière délestée de patiner avec une aussi belle ardeur ! D'autre part, sous une forte accélération, l'amortissement arrière paraît faible. En résumé, la 2000 Ti présente un comportement très satisfaisant sur route et, telle qu'elle est normalement livrée, quelques

Nantie du bloc 2 litres, la berline 2000 Ti est disponible dès le printemps 1966. (BMW AG/BMW Group Archiv)

Reconnaissable à ses optiques rectangulaires spécifiques, la berline 2000 Tilux, plus cossue, tente de s'attirer les faveurs d'une clientèle qui a plutôt ses habitudes chez Mercedes-Benz. (BMW AG/BMW Group Archiv et Robert Kröschel/BMW AG/BMW Group Archiv)

La 2002 est dévoilée au Salon de Bruxelles en janvier 1968. (BMW AG/BMW Group Archiv)

Le nouveau modèle dans toute sa monacale simplicité : la 2002 conserve la calandre noire avec entourage chromé de la 1600 Ti, mais sans monogramme toutefois. (BMW AG/BMW Group Archiv)

lacunes qui limitent la capacité de virer dans un style plus compétition. La direction est suffisamment directe (trois tours et demi de butée en butée) et précise, mais elle n'est pas exempte d'un léger 'shimmy' à certaines allures, particulièrement entre 80 et 100 km/h. Défaut imputé d'ailleurs aux pneus à carcasse radiale. C'est vraisemblable, mais ces enveloppes présentant des caractéristiques connues d'une part, étant très appréciées par les sportifs d'autre part, il est regrettable que BMW n'adapte pas sa voiture à leur utilisation plutôt que d'attendre de la part des constructeurs de pneumatiques une – actuellement – improbable modification. Par rapport à une 1800 essayée il y a plus d'un an, le freinage nous a paru en grand progrès : l'assistance est mieux calculée, l'endurance nettement accrue. Reste le confort. La voiture réagit de manière satisfaisante sur de gros obstacles, mais accuse toutes

Une fois encore, difficile de distinguer cette version "haute" des autres modèles de la gamme, hormis par son monogramme. (BMW AG/BMW Group Archiv)

Toujours aussi dépouillé, l'habitacle uniformément noir reprend le volant à trois branches de la 1600 Ti. (BMW AG/BMW Group Archiv)

Rapide et maniable, la 2002 intègre rapidement les rangs de la police allemande. (Karl Attenberger/BMW AG/ BMW Group Archiv)

les petites irrégularités. Ce qui se traduit par des oscillations de très petite envergure, mais constantes. Et n'est pas masqué par des sièges profonds et bien dessinés, mais, selon la meilleure tradition germanique, nullement trop moelleux." Si l'austérité affichée de son habitacle plaît toujours autant aux inconditionnels de la marque, elle rebute en revanche nombre de candidats acquéreurs, qui se tournent souvent vers la concurrence. Un problème dont les responsables de BMW ont bien pris conscience. Comme nous l'avons évoqué dans le précédent chapitre, l'usine vient juste d'entamer l'étude de la future grande berline de prestige E3, qui ne sera pas commercialisée avant deux ans. Dans l'immédiat, la firme munichoise tente de séduire une clientèle huppée en présentant l'opulente 2000 Tilux, une version plus luxueuse de la 2000 Ti disponible avec une sellerie en cuir. Ce haut de gamme se reconnaît aisément à ses blocs optiques avant et arrière rectangulaires, qui alourdissent singulièrement le dessin originel. Une semi-réussite qui n'entame nullement l'enthousiasme du bureau d'études.

Toujours aussi dynamique, l'infatigable Alex von Falkenhausen s'est empressé d'installer ce moteur dans une caisse de coach 02, qu'il utilise au quotidien. Donnant toute satisfaction, ce montage

Le stand BMW au Salon de New York 1968. La nouvelle 2002 y figure en bonne place. (Empire Photographers/ BMW AG/BMW Group Archiv)

Une ambiance un peu différente au Salon de Barcelone tenu la même année. Si la nouvelle 2002 est bien présente, l'importateur local met plutôt en vedette la berline et le coupé 2000 CS. (BMW AG/BMW Group Archiv)

attire rapidement l'attention de la direction, qui demande à l'ingénieur d'en inscrire une version de série au catalogue dans les plus brefs délais. La 2002 est donc dévoilée dès le mois de janvier 1968, lors du Salon de Bruxelles. Cette nouvelle déclinaison est aisément reconnaissable à sa grille de calandre partiellement noire, dépourvue de tout monogramme. Encore sage, la petite BMW est animée par le groupe 1 990 cm³ délivrant "paisiblement" 100 ch DIN à 5 500 tr/min. Offrant davantage de couple et de souplesse que le modèle de base – 16 mkg à 3 000 tr/min –, la 2002 se prévaut de performances pratiquement équivalentes à celles de l'éphémère 1600 Ti, qui s'efface discrètement dès la fin du millésime, 8 670 unités seulement ayant été assemblées. Accusant seulement 990 kg sur la balance, la nouvelle venue frise les 170 km/h chrono et abat le 0-100 km/h en 11 secondes dans de bonnes conditions. La boîte de vitesses à cinq rapports et le pont autobloquant sont disponibles en option.

En outre, sa cylindrée généreuse répond aux normes antipollution de plus en plus sévères qui régissent le marché nord-américain. Le moteur n'a pas besoin d'être modifié, et la presse spécialisée lui réserve d'ailleurs un excellent accueil, comme les magazines *Motor Trend* ou *Road & Track*. Au pays des *Muscle Cars*, la marque intéresse une clientèle plutôt raffinée, un peu bohème, qui souhaite rouler "différent". La 1600-02 était déjà importée aux États-Unis par la Hoffman Motors Corporation. La BMW d'entrée de gamme n'y coûte que 2 497 $, un tarif très attractif, comparable à celui d'une Ford Mustang six cylindres (2 461 $ en version de base), archi-dépouillée et peu véloce.

En revanche, la très luxueuse 2000 CS s'affiche à 4 985 $, lorsqu'une Chevrolet Corvette est vendue 4 353 $ hors options. Modèle du juste milieu, la 2002 arrive donc à point nommé pour combler ce vide, la 1600 Ti n'ayant jamais été homologuée outre-Atlantique. Disponible en concession dès le printemps 1968, la frêle BMW ne vaut que 2 982 $, restant extrêmement compétitive face à la berline 2000 (3 780 $), moins performante. Maniable, légère, amusante à conduire, la petite Bavaroise, aux antipodes des monstres de Détroit, rallie à elle tous les suffrages. Locomotive de la gamme, le modèle rencontre immédiatement un succès mérité, la diffusion de la marque dans le pays connaissant un accroissement exponentiel : 1 253 voitures vendues en 1966, 4 564 en 1967, 8 172 en 1968, et 14 574 en 1969… La qualité de fabrication et la fiabilité avérée des modèles allemands (le géant Volkswagen, solidement implanté depuis le début des années 1950, y a largement contribué) séduisent de plus en plus de clients, las de devoir changer de véhicule chaque année pour ne pas perdre la face devant leurs voisins. Il est vrai que les voitures européennes ne sont pas redessinées tous les ans et ne paraissent pas démodées d'un millésime à l'autre. Les habitudes de consommation changent, et le règne de la *Motor City* vacille, confronté à l'invasion de ces constructeurs que l'on ne qualifie pas encore de *premium* : Mercedes-Benz, Jaguar, Porsche, BMW, bien sûr, mais pas encore Audi…

LA RÉFÉRENCE

Fer de lance de la stratégie de conquête du constructeur munichois, la 2002 est rapidement épaulée par une version Ti, grande nouveauté du Salon de Francfort 1968. Toujours plus performante, l'insolente BMW récupère ses deux carburateurs double corps Solex 40 PHH indissociables de sa prestigieuse appellation, affichant 120 ch DIN à 5 500 tr/min et 17 mkg à 3 600 tr/min, pour un poids total toujours inférieur à la tonne. Aisément identifiable à ses monogrammes spécifiques, la 2002 Ti arbore la présentation intérieure de l'ancienne 1600 Ti, reprenant notamment son compte-tours ou son volant sport à trois branches, des options fort coûteuses sur les autres modèles. Comme sur la 2002 standard, la boîte de vitesses à cinq rapports et le pont autobloquant sont disponibles en option, de même que la sellerie en cuir ou le toit ouvrant à commande électrique. Au millésime 1969, toute la gamme reçoit d'ailleurs un double circuit de freinage, un atout pour la sécurité. Dès le mois de janvier 1969, José Rosinski prend le volant de la toute nouvelle 2002 Ti pour les lecteurs de *Sport Auto*, à peine plus d'un an après avoir essayé la défunte 1600 Ti : "Pour ce faire, nous nous sommes rendus jusqu'à Lyon, où Pierre Maublanc, qui est à la fois un brillant champion de France de la Montagne et un actif concessionnaire BMW, avait très aimablement mis sa voiture démonstration à notre disposition, ce dont nous le remercions vivement ici. Celle-ci comptait 5 000 km, et si nous avons pu la solliciter sans qu'elle manifeste la moindre mauvaise humeur, il nous a semblé qu'elle n'était pas tout à fait libérée. À tous égards, il apparaît impossible de distinguer 1600 et 2002 Ti, sinon par les monogrammes figurant sur la calandre (peinte en noir mat pour ces modèles les plus sportifs) et sur le tableau arrière. Vous connaissez tous maintenant l'aspect sobre, net, presque clinique de la carrosserie Jubilé, je crois inutile d'y revenir. De même pour la 'décoration' intérieure qui est ici uniformément noire et, en raison des matériaux utilisés, simili, caoutchouc, et tapis de sol sans épaisseur, déplorablement triste… Le tableau de bord est constitué par une vaste tablette sur laquelle est disposée en face du conducteur une 'boîte' comprenant trois cadrans ronds – indicateur de vitesse, compte-tours, jauge à essence, thermomètre d'eau, voyants et témoins divers – cependant qu'une montre est installée au milieu et qu'une console centrale joignant la tablette au plancher peut recevoir la radio et fait office de boîte à gants supplémentaire, une autre étant aménagée dans la partie droite. Le volant à trois branches est un assez bel objet, aluminium et cuir, mais si son diamètre est satisfaisant, l'épaisseur de sa jante m'a paru insuffisante. La visibilité à bord est remarquable sous tous les angles, on domine la route, et la position de conduite devrait satisfaire tout le monde. Malheureusement, les sièges sont comme d'habitude excessivement durs, et en outre, pas assez enveloppants. Au cas où les places avant sont occupées par des gens de grande taille, les passagers arrière ne disposent que de très peu d'espace pour leurs jambes.

La 2002 Ti entre en scène en automne 1968 lors de la grand-messe du Salon de Francfort. Les premières photos de presse ne laissent planer aucun doute quant à la vocation de la nouvelle venue. (BMW AG/BMW Group Archiv)

Cette 2002 Ti double sans aucune difficulté la malheureuse Opel Manta, qui, visiblement, ne peut suivre son rythme. Une photographie lourde de symboles… (BMW AG/BMW Group Archiv)

Le bloc-moteur de la Ti exhibe fièrement ses deux carburateurs Solex 40 PHH. (BMW AG/BMW Group Archiv)

En somme, l'atmosphère et l'équipement à bord sont spartiates, rien mais vraiment rien n'est superflu, et l'on est en droit de s'étonner sur un modèle aussi sportif de l'absence, par exemple, d'instruments comme un manomètre de pression d'huile et un ampèremètre. […] La mise en route, même par temps froid, ne pose aucun problème, le moteur émet un bruit discret, sec et tranchant à l'accélération. La mise en température s'effectue assez rapidement, l'embrayage est doux et progressif, la synchronisation des rapports de boîte remarquable. Tout de suite, on est frappé par l'exceptionnelle souplesse du moteur, qui se manifeste par des accélérations d'une énergie surprenante à bas régime. Le couple disponible est à tout moment évident, ce qui rend la conduite extrêmement agréable et décontractée, quels que soient l'allure et le rapport engagé. On pourrait, en principe, craindre d'un quatre-cylindres de 2 litres une certaine brutalité, un comportement quelque peu 'agricole' : rien de tel n'est apparent avec le BMW dont les manières rondes, équilibrées, pleines, sont, au contraire, l'atout le plus immédiatement perceptible. Sur la grand-route ou l'autoroute, la voiture est d'une déconcertante facilité à conduire : elle suit fidèlement sa ligne de cap, s'inscrit sans broncher dans les courbes, ne roule pour ainsi dire pas, demeure parfaitement neutre. La précision de direction est suffisante, sa démultiplication et sa douceur ne sont pas critiquables. Aux approches et jusqu'à sa vitesse de pointe, le fonctionnement n'est nullement brillant, avec notamment très peu de bruit d'air sauf si l'on désire entrouvrir une vitre ou simplement un déflecteur, ce qui a pour effet de déclencher un véritable maëlstrom… Toutes les commandes sont à bonne portée, levier de vitesse, pédalier, lave-glaces, etc. Les freins, eux, demandent à être actionnés avec les plus grandes précautions, car leur assistance est très forte, et même excessive. En cas de besoin, une action un tant soit peu brutale sur la pédale déclenche un blocage instantané des roues avant, et le manque de progressivité est tel que la manœuvre talon-pointer exige une grande habitude : pendant longtemps, on se trouve 'arrêté' à l'entrée des virages. Sur les petites routes tortueuses et escarpées du Massif central, la maniabilité de la 2002 Ti est apparue tout à son avantage, mais un inconvénient n'a pas non plus tardé à se faire jour : en l'absence de différentiel autobloquant, et avec l'ensemble jantes-pneus de dimensions relativement modestes équipant la voiture d'origine, la tendance au patinage à la reprise est nettement exagérée. Sans doute eût-il été intéressant d'effectuer une comparaison avec une marque de pneus au comportement qui nous serait plus familier (nous disposions d'Uniroyal allemands radiaux), cependant, il nous semble que le couple important dont dispose cette voiture n'est pas des mieux encaissés par la suspension, laquelle, en outre, ne dispense pas un confort émollient… Un renforcement de l'amortissement nous paraît en tout état de cause indispensable pour pouvoir profiter à plein de la puissance consentie par le moteur. […] Comme il était facile de le prévoir, la BMW 2002 Ti est une voiture extrêmement agréable et d'un tempérament vraiment sportif, mais aussi fort civilisé, en raison de l'alliance opportune d'un 'gros' moteur et d'une 'petite' caisse. Ce genre de solution, pourvu qu'il soit mis en œuvre par de bons techniciens et c'est évidemment le cas ici, produit toujours d'heureux effets. La 2002 Ti est donc très vivante et alerte, répond instantanément à toute sollicitation, tout en demeurant un engin pratique et discret. Cependant, quelques progrès restent à faire pour la rendre plus docile dans certains cas. À notre sens, l'assistance beaucoup trop brutale des freins est à revoir. Quant au problème de la frontière qui sépare la sobriété de l'austérité, il se pose à nous chaque fois que nous regardons et montons à bord d'une BMW : vous savez ce que nous en pensons, mais rien, bien sûr, ne vous oblige à être de notre avis…" José Rosinski relève une consommation moyenne de 15,5 litres aux 100 km et atteint 180 km/h à 6 200 tr/min. Il abat le 1 000 mètres départ arrêté en 31,8 secondes.

En novembre 1970, *L'Automobile Magazine* présente les principales sportives du moment, dont l'Alfa Romeo 1750 GTV (118 ch DIN et 1 040 kg) et la nouvelle BMW, qui se détachent nettement du lot. Jean-Paul Thévenet conclut en ces termes : "La BMW 2002 Ti est sans doute, actuellement, l'une des rares voitures à pouvoir

Redoutable d'efficacité, la 2002 Ti cible tout particulièrement l'Alfa Romeo 1750 GTV. (Archives E-T-A-I)

concilier tout à la fois un usage familial ou professionnel et sportif. Rapide, équilibrée, elle possède incontestablement ce punch et cette race susceptibles de donner à son conducteur le sentiment d'être un automobiliste assez différent des autres ; une sorte de *gentleman driver*, traité à la mode allemande (qui en vaut d'ailleurs bien d'autres). Elle se caractérise surtout par ses performances, son freinage, son habitabilité et sa tenue de route. Dans les progrès qu'elle devrait pouvoir réaliser, nous avons noté l'amélioration de la boîte de vitesses, un peu plus de gaieté dans son aménagement intérieur, notamment en ce qui concerne son tableau de bord. Enfin, un confort de suspension légèrement augmenté l'écarterait définitivement de toute critique." Les essayeurs du journal chronomètrent la BMW à 177,7 km/h en vitesse de pointe – quelque peu handicapée par son aérodynamique perfectible –, contre 182 km/h pour l'Alfa Romeo, plus lourde mais néanmoins avantagée par son maître-couple inférieur. En revanche, les accélérations se tiennent dans un mouchoir de poche, avec un léger avantage pour la Munichoise : la 2002 Ti parcourt le 400 mètres départ arrêté en 16,6 secondes, contre 16,8 secondes pour la 1750 GTV. Elle franchit le 1 000 mètres départ arrêté en 31 secondes, contre 31,4 secondes pour sa rivale milanaise. Entre autres références de la catégorie, la Fiat 124 Sport ou la Renault 12 Gordini sont largement surclassées.

À LA CONQUÊTE DU MARCHÉ AMÉRICAIN

Si la 2000 Ti attise les convoitises des amateurs de conduite sportive, sa double carburation jugée trop "polluante" par la législation américaine lui interdit toute possibilité d'homologation outre-Atlantique. À partir du millésime 1970, la 2002 standard peut toutefois recevoir une transmission automatique ZF à trois rapports (cette transmission équipe également la Peugeot 504), indispensable pour conquérir une clientèle plus nombreuse sur le marché américain.

Quasiment ignorée par la presse française, la 2002 Automatic fait l'objet d'essais détaillés aux États-Unis. Le magazine *Car & Driver* lui consacre un long article en mars 1970, la confrontant à une version manuelle. Les temps d'accélération comme la vitesse de pointe en souffrent un peu, mais l'agrément de conduite n'en reste pas moins digne d'intérêt pour l'automobiliste américain, habitué à respecter des limitations de vitesse draconiennes. Particulièrement en forme, la 2002 à boîte mécanique est chronométrée à 111 mph (178,6 km/h) tandis que la version automatique parvient à atteindre 107 mph (172,2 km/h). La 2002 parcourt le 400 mètres départ arrêté en 17,1 secondes, la 2002 Automatic ne lui concédant qu'un centième de seconde. L'écart se creuse sur l'épreuve du 0-60 mph (97 km/h) avec des temps respectifs de 9,6 et 10,3 secondes : si la réactivité de la transmission ZF s'avère supérieure à celle de ses homologues américaines, elle absorbe néanmoins une partie non négligeable de la puissance disponible. Vendue 3 599 $ (3 845 $ avec la boîte automatique) – soit le prix d'une *full size* de moyenne catégorie, telle la Buick Le Sabre –, la 2002 procure un rapport prix/agrément de conduite pratiquement imbattable au pays de l'Oncle Sam. Seule l'exotique Datsun 240 Z (3 526 $), elle aussi

Une publicité parue dans la presse américaine en 1967. (BMW AG/BMW Group Archiv)

Les Anglo-Saxons sont friands de publicités comparatives. La 2002 supplante d'ailleurs très vite la 1600-02 sur le marché nord-américain. (BMW AG/BMW Group Archiv)

La BMW 2000 américaine arbore des optiques rondes spécifiques. (BMW AG/BMW Group Archiv)

disponible en boîte automatique (3 861 $), risque de lui faire de l'ombre. Mais, stricte deux-places, la sensuelle Japonaise, quoiqu'un peu plus puissante, ne joue pas tout à fait dans la même catégorie. Sans parler de son image de marque, bien moins flatteuse que celle de la BMW.

UNE GAMME REMANIÉE

La gamme est profondément remaniée au printemps 1971, date à laquelle tous les coupés adoptent l'appellation "02" pour plus de commodité. Les pare-chocs et les flancs de caisse reçoivent de fines bandes de protection en caoutchouc, bien utiles dans les aléas de la circulation urbaine. Le pare-chocs arrière plus enveloppant joint désormais le passage de roue. Tous les modèles sont équipés du volant à trois branches jusqu'alors réservé aux versions les plus sportives. Une 1802 intermédiaire entre en scène, s'intercalant entre la 1602 de base et la "luxueuse" 2002. Extrapolation du quatre-cylindres 1 573 cm^3 de la 1602, son moteur de 1 766 cm^3 à course courte – 89 x 71 mm – s'avère donc plus volontaire pour

Disponible au printemps 1971 sur le marché français, la 1802 intermédiaire y sera importée de manière sporadique et ne connaîtra guère de succès. (BMW AG/BMW Group Archiv)

monter dans les tours que le bloc de la défunte berline 1800. Créditée de 90 ch DIN à 5 250 tr/min pour un couple maximal de 14,6 mkg à 3 000 tr/min, la 1802 approche les 165 km/h chrono et parcourt le 0-100 km/h en un peu plus de 11 secondes selon l'usine. Profitant surtout d'une niche fiscale particulièrement favorable sur le marché allemand, cette 1802 ne rencontre guère de succès dans l'Hexagone, où elle se fera très discrète.

Marginalisé, le confidentiel cabriolet 1600 disparaît du catalogue. Baur en cesse la fabrication après avoir assemblé 1 692 exemplaires dans ses ateliers, outre une ultime série de 200 cabriolets 2002. Un succès très mesuré pour cette séduisante déclinaison, diffusée sur le seul marché européen, qui n'a jamais vraiment convaincu, faute d'une rigidité suffisante. Anticipant des normes d'homologation américaines toujours plus sévères, Baur a revu sa copie de fond en comble en concevant un nouveau cabriolet, dévoilé en février 1971 lors du Salon d'Amsterdam, quelques mois avant sa commercialisation. La coque a été sérieusement renforcée en recevant un volumineux arceau englobant des petites vitres de custode pivotantes, tandis que des armatures fixes surmontant les portières rejoignent la baie du pare-brise. On ne peut plus guère parler de cabriolet, mais plutôt de coupé découvrable. Et encore, assez peu pratique, car le décapotage s'effectue en deux temps, la lunette arrière souple et la toile recouvrant le pavillon formant deux éléments distincts. De ce point de vue, la Triumph Stag, la Matra 530 ou la Porsche 914 s'avèrent bien plus pratiques à utiliser avec leur toit rigide escamotable façon *T-Top*. Pour ne rien arranger, le cabriolet 2002 S (sa dénomination officielle) est handicapé par son profil disgracieux, qu'il soit capoté ou non. BMW renonce d'ailleurs à l'importer aux États-Unis, faute de perspectives commerciales satisfaisantes. Par ailleurs, la capacité de production des établissements Baur, assez faible, limite

La 1600 (ou 1600-02) Jubilé est rebaptisée 1602 au printemps 1971. (BMW AG/BMW Group Archiv)

L'habitacle du modèle 1971, toujours aussi sérieux, n'a guère évolué depuis sa présentation cinq ans plus tôt. Une certaine vision de l'automobile, qui va pourtant s'imposer au fil des ans. (BMW AG/BMW Group Archiv)

Le cabriolet Baur de la seconde série – devrait-on plutôt dire coupé découvrable ? – impose un capotage en deux parties distinctes, peu pratiques, il faut bien l'avouer. La ligne générale s'avère d'ailleurs bien plus harmonieuse lorsque lesdites capotes sont en place. (BMW AG/BMW Group Archiv)

Le cabriolet 2002 S ne sera jamais importé outre-Atlantique. (BMW AG/BMW Group Archiv)

L'environnement intérieur du cabriolet est en tout point identique à celui des autres versions. (BMW AG/BMW Group Archiv)

d'autant la diffusion de ce modèle. Assemblé à petite cadence jusqu'en 1975, le cabriolet 2002 S sera tout de même construit à 2 290 unités, dont 354 en conduite à droite.

Mais surtout, la 2002 Ti s'efface, 16 457 unités ayant été assemblées depuis son lancement. Elle devient Tii en troquant ses deux carburateurs Solex contre une injection Kugelfischer plus économe et surtout plus "propre" – à l'instar de la berline 2000, qui en bénéficie également –, lui ouvrant enfin les portes du marché américain. La puissance culmine à 130 ch DIN à 5 800 tr/min, pour un couple maximal de 18,1 mkg à 4 500 tr/min. La vitesse de pointe frise maintenant les 190 km/h chrono. En novembre 1971, José Rosinski étrenne cette dernière évolution : "De l'extérieur, outre son sigle, on reconnaît la Tii à la ceinture de protection en caoutchouc qui protège ses flancs. Ceci mis à part, l'aspect est exactement le même que celui de la Ti, et se caractérise par sa forme compacte et fonctionnelle, ses grandes surfaces vitrées, et un rapport entre sa hauteur et sa largeur qui, sur le plan esthétique en tout cas, paraît maintenant démodé. À bord, l'ambiance est toujours claire, mais d'une sobriété qui s'apparente à la tristesse. Le nouveau tableau de bord est pratique et conforme aux législations sur la sécurité, c'est-à-dire fabriqué dans un matériau souple. En revanche, les sièges restent durs et mal dessinés ; on se sent posé dessus plutôt

Équipée d'une injection Kugelfischer, la 2002 Tii remplace la Ti. (BMW AG/BMW Group Archiv)

que calé dedans… La position de conduite est dans l'ensemble satisfaisante, si l'on excepte les pédales non suspendues. Le volant (gainé de simili) et le levier de vitesse sont à bonne portée ; les instruments de bord sont, comme il convient, bien groupés dans le champ visuel du conducteur ; la commande d'essuie-glaces peut être manœuvrée sans lâcher le volant. L'équipement d'origine comprend un système de désembuage électrique de la vitre arrière, ainsi qu'une montre, mais on est surpris de ne pas trouver de manomètre de pression d'huile et de constater que le rétroviseur intérieur présente une surface nettement insuffisante. Quant à la finition, elle est probablement résistante, mais nullement flatteuse. Enfin, la puissance du système d'aération nous a paru mesurée. Il est vrai qu'un toit ouvrant peut être obtenu en option, mais ouvert, il s'avère très bruyant. Au contraire, le moteur à injection se révèle fort agréablement silencieux, nettement plus que son prédécesseur. Il paraît aussi bien plus souple quoique peu puissant à bas régime ; sa vitalité ne commence réellement à se manifester qu'à partir de 4 000-4 500 tr/min, et si le conducteur se maintient constamment dans une plage, au demeurant assez large, commençant à ce régime jusqu'à 6 000 tr/min environ, il appréciera une nervosité remarquable alliée à une absence d'effort apparent qui sont généralement l'apanage de cylindrées plus fortes. Il y sera d'ailleurs aidé par une boîte très bien étagée, et d'un maniement on ne peut plus aisé. […] Cette excellente et vigoureuse mécanique peut être exploitée de manière satisfaisante dans la plupart des conditions de route, ainsi qu'en ville où la souplesse est agréable. La tenue de route se distingue par un comportement bien équilibré et très sûr, mais la maniabilité de cette voiture compacte et nerveuse est handicapée par l'absence d'un différentiel autobloquant qui devrait être monté en série, et non pas seulement proposé en option. En effet, dans les virages serrés, surtout si la chaussée est inégale, la roue arrière intérieure tend à patiner beaucoup trop facilement. Et, sous l'effet d'une accélération brutale, la suspension arrière a manifestement du mal à contrôler un phénomène de tressautement des roues qui compromet l'adhérence. Tout cela n'est certes pas préjudiciable à la sécurité, mais le rendement s'en trouve affecté et c'est dommage, lorsqu'il s'agit d'un modèle sportif. Par ailleurs, la direction, tout en étant très précise, nous a paru un peu trop démultipliée, et les freins se sont avérés excellents à tous égards. Enfin, au niveau du confort, la suspension, très sèche aux petites allures, devient plus efficace au fur et à mesure qu'augmente la vitesse, mais elle demeure et paraît plus ferme d'autant plus que la raideur des sièges ne lui pardonne rien. […] En fait, l'apport principal de cette nouvelle version de la 2002 réside dans un moteur moins pointu, au fonctionnement moins bruyant qui augmente sensiblement l'agrément de la voiture en utilisation voyage, mais aussi en ville. D'autre part, les modifications intervenues n'ont nullement transformé le caractère de ce modèle, dont les qualités

Forte de 130 ch DIN à 5 500 tr/min, la 2002 Tii promet plus de 190 km/h en vitesse de pointe. (BMW AG/BMW Group Archiv)

Moins "polluante" que la défunte Ti, la 2002 Tii est homologuée sur le marché américain. (BMW AG/BMW Group Archiv)

– confort, aménagement et finition trop sévères, manquant d'élégance, rendement insuffisant de la transmission de la puissance aux roues arrière – demeurent essentiellement inchangées. Devenue Tii, la 2002 reste une bonne voiture homogène, très au point. Mais il nous semble que l'on était en droit, surtout si l'on tient compte de son prix, d'attendre des améliorations plus sensibles que celles, somme toute de portée limitée, auxquelles il a été procédé." José Rosinski parvient à atteindre 187 km/h à 6 000 tr/min (180 km/h à 6 200 tr/min pour la Ti) et parcourt le 1 000 mètres départ arrêté en 31,2 secondes (contre 31,8 secondes pour la Ti). La consommation tourne toujours aux alentours des 15 litres aux 100 km malgré l'apport de l'injection. Les performances générales observent donc une légère hausse, certes, mais qui laissent un peu sur sa faim la célèbre plume de *Sport Auto*. Pourtant, la 2002 Tii (26 900 F) ne le cède en rien à sa légendaire rivale. Car l'Alfa Romeo Giulia GT (27 900 F) vient de recevoir dans le même temps un moteur porté à 2 litres. Aussi puissant que le bloc bavarois, le double arbre milanais (132 ch DIN à 5 500 tr/min) se révèle moins volontaire pour monter dans les tours, quelque peu handicapé par son architecture "longue course".

Georg Bertram imagine le coupé-break Touring dès 1963. (BMW AG/BMW Group Archiv)

Un dessin beaucoup plus abouti du même Georg Bertram, datant de 1965. (BMW AG/BMW Group Archiv)

LE COUPÉ-BREAK TOURING

BMW est l'un des rares constructeurs allemands à ne pas proposer de break dans sa gamme, ce type de carrosserie étant cependant très prisé outre-Rhin. La Volkswagen 1600 Variant, l'Opel Rekord Caravan et la Ford Taunus Turnier dominent ce marché très profitable. Ces véhicules trop connotés "utilitaires" déplaisent néanmoins aux responsables de la firme munichoise, pour qui une BMW ne se conçoit qu'en berline, afin de ne pas écorner son image "statutaire". L'intelligente Renault 16 TS a pourtant brisé ce tabou quelques années auparavant, imposant son hayon à une clientèle de "jeunes cadres dynamiques" également pères de famille, séduits par sa modularité et ses bonnes performances. Un succès commercial sans précédent qui fait encore figure d'exception dans le contexte de l'époque. La Renault 16 a réussi là où l'audacieuse Autobianchi Primula a échoué, nonobstant ses qualités intrinsèques. Le bureau d'études va tenter de contourner l'obstacle en greffant un hayon à la série 02, mais en privilégiant l'aspect coupé-break à l'image plus valorisante.
Si les ingénieurs se sont inspirés de la défunte Glas 1304 CL – pour Combi-Limousine –, le prototype City conçu en 1967 constitue déjà une ébauche du futur modèle de série. L'usine s'adjoint à nouveau les services de Giovanni Michelotti, qui va s'employer à redessiner la poupe et les vitres de custode dans un style très épuré. Raccourci de 12 cm – 4,11 m au lieu de 4,23 m pour le coach –, le coupé-break Touring présente une silhouette simple et fonctionnelle plutôt agréable. La contenance du réservoir d'essence a été portée à 52 litres – contre 45 litres pour le coach –, offrant une autonomie nettement supérieure. Les dossiers arrière rabattables séparément – un équipement encore fort peu courant – libèrent un volume de chargement très appréciable, permettant une grande polyvalence d'utilisation.

Datant de 1967, cette esquisse de Manfred Rennen préfigure la poupe du futur coupé-break. (BMW AG/BMW Group Archiv)

La Glas 1304 CL constitue une source d'inspiration non négligeable pour les ingénieurs de BMW qui vont concevoir le coupé-break. (BMW AG/BMW Group Archiv)

Un coupé-break Touring 1600 de 1971. (BMW AG/BMW Group Archiv)

La version 2000 Tii demeure sans nul doute la plus désirable. Une rivale de choix pour la Volvo 1800 ES, terriblement décalée et terriblement chic… (BMW AG/BMW Group Archiv)

Plus pratique que le coach, la Touring séduit également les forces de l'ordre. (BMW AG/BMW Group Archiv)

Un concept intéressant, qui ne rencontrera pas le succès espéré. (BMW AG/BMW Group Archiv)

Déclinée tout d'abord avec les blocs 1 573 et 1 990 cm³, cette nouvelle version bénéficie des mêmes équipements et des mêmes options proposées sur la berline deux portes, et bien sûr du moteur à injection de la Tii. Présenté en avant-première lors du Salon d'Amsterdam aux côtés du cabriolet redessiné, le modèle conserve curieusement les appellations 1600, 2000 et 2000 Tii, sans le suffixe "02". Commercialisé au printemps 1971, il n'arrive vraiment dans les concessions françaises qu'en septembre de la même année. Jamais importée officiellement dans l'Hexagone, la 1800 Touring annoncée ne sera pas disponible avant l'hiver. Malgré son habitabilité plus généreuse et son aspect pratique indéniable, le coupé-break est injustement boudé par les fidèles de la marque, qui lui reprochent une sensibilité accrue au vent latéral, outre un poids en légère hausse de 50 kg. Vendue 27 900 F au millésime 1972, la 2000 Tii Touring se révèle pourtant bien meilleur marché que sa seule véritable rivale, l'éphémère Volvo 1800 ES, décalée et terriblement snob, qui fait payer ses charmes la bagatelle de 41 500 F. La 1600 Touring (21 200 F) est également très bien placée pour faire de l'ombre à la récente Renault 17 TS (24 600 F), elle aussi dotée d'un hayon. Mais la formule ne convainc pas, malgré tous les efforts de BMW pour la promouvoir, les catalogues ayant soigneusement évité toute référence "utilitaire" dans le descriptif du modèle. Saab prépare alors une 99 "Combi-Coupé", usant du même concept, tandis que Ford s'apprête à lancer une troisième génération de Capri également équipée d'un hayon. Deux véhicules qui connaîtront un grand succès commercial. Il n'est jamais bon d'avoir raison trop tôt...

L'HOMME PRESSÉ

Performante, élégante mais discrète, fiable et efficace, la BMW commence à se forger une solide réputation dans le paysage automobile français des années 1970, très hiérarchisé et encore très protectionniste. Le Français moyen roule alors en Peugeot 504, en Renault 16, voire en Citroën D Super, et rechigne encore à acheter une voiture étrangère. Parcourant à bonne allure la file de gauche des autoroutes, il doit souvent se rabattre en catastrophe pour céder le passage à une BMW survoltée lui faisant de grands appels de phares, qui se reflètent dans les rétroviseurs. Telle la BMW 3.0 Ld'Alain Delon dans *L'Homme pressé*, adaptation du roman de Paul Morand. Et plus souvent une 2002, parfois en version Ti ou Tii, lancée à toute vitesse, capable de soutenir des moyennes élevées en toute sécurité. Et Jacques Brel, empreint d'un enthousiasme un peu gauche, de s'exclamer : "Ah, la BM, c'est bien... C'est bien fini, c'est solide, c'est allemand, quoi !", face au monolithique Lino Ventura, impassible au volant de sa 2000 Touring. Une réplique-culte de *L'Emmerdeur*, le chef-d'œuvre du scénariste Francis Veber, qui traduit à merveille une nouvelle réalité sociologique : le haut de gamme à la française malmené par la crise énergétique de 1973 est moribond. Les mentalités changent. La Citroën DS vieillissante et la SM éreintée par des problèmes de fiabilité ne séduisent plus le chef d'entreprise ni le "jeune cadre dynamique", qui s'affichent volontiers au volant d'une voiture allemande. Même le brave François Pignon, représentant en chemises de son état, fidèle depuis plus de dix ans à sa vieille Peugeot 404, n'en rêve pas moins du sobre coupé bavarois de l'irascible Milan, dont il ignore qu'il est en réalité un dangereux tueur à gages. Incarnation même de la réussite sociale, la BMW omniprésente tout au long du film crève l'écran parmi une impressionnante galerie de véhicules très représentatifs de leur époque : la Citroën DS 21 Pallas du médecin – incarné par Jean-Pierre Darras –, le Citroën Type H du boucher ambulant, la Renault 12 Gordini du rallyman amateur, et même le Buggy Baboulin du jeune hippie...

ULTIMES RETOUCHES

En 1972, la ville de Munich accueille les jeux Olympiques, une véritable aubaine publicitaire pour BMW, qui va largement participer à l'événement. Pour l'occasion, le constructeur convertit à l'électricité deux coaches 1602 Orange Inka destinés à suivre l'épreuve du marathon. Dans cette optique, le bureau d'études travaille de concert avec l'équipementier Bosch, qui lui fournit un moteur de 32 kW (43 ch) pesant 85 kg. Ce dernier est alimenté par une douzaine de batteries Varta de 12 volts placées dans le compartiment moteur, qui alourdissent la voiture de 350 kg. Accusant 1 330 kg sur la balance, la 1602 électrique ne brille guère par ses performances. Elle est censée accélérer de 0 à 50 km/h en 8 secondes et atteindre 100 km/h en vitesse de pointe. Son autonomie avoisine les 60 km à une moyenne de 50 km/h, et surtout, les batteries nécessitent des heures pour être pleinement rechargées. Des prestations très modestes qui font sourire aujourd'hui, mais qui témoignent des premiers pas de l'électrification des véhicules particuliers dans un contexte de crise énergétique particulièrement anxiogène. Au milieu des années 1970, en effet, certains experts reconnus n'hésitent pas à annoncer l'épuisement complet des réserves de pétrole d'ici à l'an 2000...

Nonobstant ce coup d'éclat médiatique, la série 02 commence toutefois à accuser quelques rides. Après dix ans de bons et loyaux services, la berline *Neue Klasse* prend d'ailleurs sa retraite à la fin du millésime 1972, remplacée par la série 5 de toute première génération (E12), dont le design est dû à l'équipe de Paul Bracq, le nouveau directeur du style, en poste depuis 1970. L'offre s'amenuise, et l'importateur français retire du catalogue le cabriolet 2002 S, la 1802 et la 1602 Touring, dont les ventes sont devenues insignifiantes. La série 02 s'octroie un ultime lifting à l'automne 1973, tandis que la future série 3 est déjà en gestation. La marque frappe les esprits en présentant la très sauvage 2002 Turbo lors du Salon de Francfort, que nous évoquerons en détail dans le chapitre suivant.

Le prototype de la 02 électrique montre des performances très limitées. Notez l'encombrement des batteries, qui remplissent presque tout le compartiment-moteur. C'était il y a presque cinquante ans… (BMW AG/BMW Group Archiv)

Le *facelift* de la série 02 est déjà envisagé depuis plusieurs années, comme le montrent le projet de Manfred Rennen esquissé en 1969 et celui de Werner Hölbl en 1970. (BMW AG/BMW Group Archiv)

Rajeuni à moindres frais, le modèle standard arbore quant à lui une calandre noir mat dépouillée de ses joncs de phares chromés, ainsi que de nouvelles jantes ajourées dépourvues d'enjoliveurs. Le coach échange ses feux arrière circulaires contre des blocs optiques trapézoïdaux d'aspect plus moderne. Adoptant enfin l'appellation "02" pour son ultime année d'existence, le coupé-break Touring en fin de carrière n'est pas concerné par cette modification. Le coach profite en revanche d'un réservoir d'essence porté à 51 litres.

Une 2002 de 1974, plus sévère que jamais.
(BMW AG/BMW Group Archiv)

Reconnaissable à ses feux arrière rectangulaires, le millésime 1974 profite d'un petit lifting bienvenu et de teintes acidulées furieusement mode, histoire de masquer ses rides.
(BMW AG/BMW Group Archiv)

Nantie de la finition Luxe, cette 2002 du millésime 1975 prend la pose avec une immense Cadillac 60 S Fleetwood. La différence de taille est saisissante.
(BMW AG/BMW Group Archiv)

L'habitacle se veut un peu moins austère qu'auparavant, avec sa platine de planche de bord façon bois, son volant rembourré à quatre branches et ses appuie-tête généralisés à toutes les versions. Le coach 1802 et le cabriolet 2002 S réintègrent brièvement le catalogue. Le coach se retrouve officiellement seul en lice à partir de l'automne 1974, même si les versions Touring sont encore disponibles sur le marché français, le temps d'écouler les derniers exemplaires en stock. La série 02 s'offre un baroud d'honneur. Elle termine sa carrière en beauté grâce à la finition Luxe facturée 1 508 F, signalée par un monogramme "L" fixé sur le panneau de coffre. Disponible quelle que soit la cylindrée choisie, cette dotation enrichie comprend notamment une sellerie en velours très cossue et un accoudoir central aux places arrière. Les garnitures des contre-portes et la console centrale reçoivent des appliques façon bois, des poignées-accoudoirs et de vastes vide-poches. Le réservoir d'essence ferme à clé, ce qui n'est pas encore très courant à l'époque. Suprême raffinement, le plancher du coffre est recouvert d'une moquette. Enfin, le pare-brise en Triplex et la lunette arrière dégivrante sont livrés en série.

CLAP DE FIN

En janvier 1975, la marque présente une 1502 d'entrée de gamme à la finition simplifiée, disponible en concession dès le mois de mars. Ce modèle est motorisé par le bloc 1 573 cm^3 de la 1602, dont le taux de compression abaissé à 8 à 1 permet de fonctionner à l'essence ordinaire. Il ne développe plus que 75 ch DIN à 5 800 tr/min, pour un couple maximal de 12 mkg délivré à 3 000 tr/min. Pesant 980 kg à vide, la spartiate 1502 plafonne à 155 km/h chrono. Moins véloce que la toute première 1600 Jubilé, cette ultime mouture a fort à faire pour convaincre une clientèle qui n'a d'yeux que pour la toute nouvelle série 3 de la génération E21, dévoilée en grande pompe en mai 1975. Tous les autres modèles de la gamme 02 disparaissent du catalogue dès l'été, remplacés par le nouvel enfant prodige de BMW. Très attractive, la 316 de base dispose du moteur 1 573 cm^3 de 90 ch DIN, qui l'emmène à 160 km/h. Elle ne coûte que 28 900 F, lorsque la vénérable 1502 s'affiche à 25 500 F. L'importateur va néanmoins maintenir la 1502 au catalogue français jusqu'en août 1976. Elle est alors remplacée par une 315 E21 plutôt dépouillée, qui lui emprunte son moteur de 75 ch. Les ultimes 1502 tombent de chaîne à l'été 1977.

Une très belle aventure industrielle qui se conclut par une production totale de 861 242 exemplaires assemblés en onze ans de carrière. On dénombre ainsi 157 207 coaches 1600-02, dont 1 692 cabriolets et 8 670 1600 Ti, 124 303 coaches 1602, 83 351 coaches 1802, 394 382 coaches 2002, tous types compris, dont 16 457 coaches 2002 Ti et 38 759 coaches 2002 Tii, outre 200 cabriolets 2002 et 2 290 cabriolets 2002 S. Enfin, 71 786 coaches 1502. N'oublions pas de mentionner dans ce décompte un total de

La série 02 Luxe bénéficie de garnitures intérieures plus cossues, bien plus agréables que la dotation standard. La banquette arrière reçoit un petit accoudoir central tandis que le tableau de bord est équipé d'un nouveau volant à quatre branches, rembourré. (Karl Attenberger/BMW AG/ BMW Group Archiv)

L'une des ultimes 2002 nord-américaines de 1976, encore disponible en concession pour quelques mois. (BMW AG/BMW Group Archiv)

Sur les chaînes de montage, les nouvelles séries 3 cohabitent avec les dernières 1502 assemblées. (BMW AG/BMW Group Archiv)

La 1502 est présentée à la presse par un ambassadeur de choc, en l'occurrence le pilote Hans-Joachim Stuck, en pleine démonstration de son talent. (BMW AG/BMW Group Archiv)

La 1502 fait office d'entrée de gamme à prix d'attaque, afin de séduire une clientèle un peu frileuse à l'idée de franchir le seuil d'une concession. (BMW AG/BMW Group Archiv)

L'univers froid de la 1502 : rien n'a changé en dix ans de carrière, ou presque... (BMW AG/BMW Group Archiv)

La toute dernière 1502 tombe de chaîne le vendredi 29 juillet 1977. (BMW AG/BMW Group Archiv)

Plus moderne, la nouvelle 315 E21 de base fait de l'ombre à son aînée. (BMW AG/BMW Group Archiv)

La curieuse 1600 CS, une création du pilote Willi Martini, résulte du croisement entre une 1600 Jubilé et le coupé 2000 CS. (BMW AG/BMW Group Archiv)

30 123 coupés-breaks Touring, dont 16 184 en version 2000/2002, seulement 5 486 en version 2002 Tii, 4 379 en version 1600 et 4 074 en version 1800/1802. La série 02 a été également assemblée en *CKD* (*Completely Knocked Down*) afin d'éviter les taxes d'importation dissuasives dans certains pays, notamment au Portugal et en Uruguay. La série 02 a rencontré un très grand succès outre-Atlantique, l'un de ses principaux débouchés à l'exportation. Toujours selon les chiffres de l'usine, 13 162 coaches 1600-02 ont été importés aux États-Unis, suivis par 64 747 coaches 2002 et 7 469 Tii. Moins prisée, la variante automatique y a obtenu un succès plus modeste, avec une diffusion de 11 493 unités. Disparue en France à la fin du millésime 1976, la 2002 est pourtant maintenue au catalogue américain un an supplémentaire, avant de disparaître à l'été 1977. Cette ultime série se maintient à une diffusion honorable, avec 7 688 exemplaires vendus en boîte manuelle et seulement 1 107 en transmission automatique. Si populaire soit-elle au pays de l'Oncle Sam, la petite BMW s'incline à son tour devant la nouvelle série 3…

DÉCLINAISONS TRÈS SPÉCIALES

Le pilote Willi Martini (1925-2001) a longtemps couru sur BMW, réalisant à l'occasion quelques modèles spéciaux au milieu des années 1960. On se souvient notamment de plusieurs berlinettes destinées à la piste, motorisées par des blocs 1 600 cm^3. Mais la plus singulière création de l'artisan-constructeur reste sans conteste la curieuse 1600 CS, une 1600 Jubilé maquillée en coupé 2000 CS, lui reprenant toute sa face avant caractéristique ainsi que ses feux arrière. Cependant, les préparateurs sportifs ne sont pas les seuls à s'intéresser à la série 02. Fort de sa longue collaboration avec Glas, Pietro Frua espère bien prolonger son partenariat avec BMW, une fois la 1600 GT et les anciens modèles de la gamme Glas disparus. Le styliste turinois a déjà habillé plusieurs BMW pour quelques riches clients privés. Il n'est pas sans savoir que le bureau d'études travaille à l'élaboration du futur coupé-break Touring. Pietro Frua saisit donc la balle au bond en proposant à l'usine son propre projet, une variante 2+2 établie sur la plateforme de la nouvelle 2002 Ti. Plus "latine" que le modèle de série, la superbe GT4 Frua, qu'il utilise d'ailleurs un temps comme voiture personnelle, est présentée au Salon de Paris 1969 sur le stand du carrossier. Ce prototype roulant n'est pas sans rappeler la BMW/Glas 3000, une autre étude de style dessinée par le célèbre designer l'année précédente. Chaussée de très belles roues Campagnolo, la GT4 arbore une calandre inspirée de celle de la récente 2800 CS. L'agencement du tableau de bord et l'environnement intérieur évoquent quant à eux la berline 2500. Faisant la part belle à un capot-moteur assez long, le pavillon fastback se caractérise par son imposante baie vitrée, tandis que ses feux arrière sont empruntés à une Alfa Romeo Berlina 1750. La GT4 Frua est à la fois plus basse (14 cm de moins en hauteur) et plus large (15 cm de plus en largeur) que la 2002 standard. Pesant 1 050 kg à vide, elle est capable de rouler à plus de 170 km/h en vitesse de pointe avec le bloc de 120 ch. Mais la marque ne donne pas suite à cette proposition, qu'elle juge trop coûteuse à mettre en production. Moins cher à fabriquer, le coupé-break Touring reprend en effet une grande partie des panneaux de carrosserie du coach, permettant de substantielles économies d'échelle. Un autre exemplaire de GT4 est néanmoins construit par l'artisan italien, et exposé au Salon de Paris en 1970. Les deux prototypes Frua existent encore aujourd'hui, l'un d'eux ayant intégré la prestigieuse collection du constructeur.

Régulièrement consulté par l'usine, Nuccio Bertone présente quant à lui la très psychédélique Spicup, dévoilée lors du Salon de Genève 1969. Peinte en vert vif avec intérieur assorti, cette

Une 2000 Ti habillée en coupé par Pietro Frua, réalisée en 1967. (BMW Group Classic)

Exposé au Salon de Paris 1968, le coupé Frua présente des similitudes certaines avec la Monteverdi 375 High Speed contemporaine, due également au designer italien. (Pietro Frua et Farabola/BMW Group Archiv)

Autre création du maestro transalpin, la 2002 GT4, si séduisante soit-elle, ne passera pas le stade de la série. (BMW AG/ BMW Group Archiv)

Œuvre de Marcello Gandini, la baroque Bertone Spicup Targa repose sur la plateforme du coupé 2800 CS. Ce prototype est présenté à Genève en mars 1969. (BMW AG/BMW Group Archiv)

Une interprétation très personnelle de la calandre BMW. (BMW AG/BMW Group Archiv)

L'habitacle très futuriste, délicieusement suranné aujourd'hui. (BMW AG/BMW Group Archiv)

Le système de toit rétractable, révolutionnaire à l'époque, sera repris sur d'autres véhicules conçus par le carrossier. (BMW AG/BMW Group Archiv)

curieuse étude de style due à Marcello Gandini se veut à la fois spider et coupé, d'où son appellation. La baroque Spicup repose sur une plateforme raccourcie de coupé 2800 CS et lui emprunte la plupart de ses éléments mécaniques. Véritable gageure technique, son toit rétractable en deux parties, œuvre de l'ingénieur Enzo Cingolani, constitue sans nul doute le point d'orgue de ce prototype – la future Fiat X1/9 s'en inspirera – dont la ligne torturée ne marquera guère les esprits. Marcello Gandini travaille par la suite sur le prototype Garmisch – reprenant le nom d'une célèbre station de sports d'hiver bavaroise –, présenté lors du Salon de Genève 1970. Élaboré sur un châssis de 2002 Tii, ce sobre coupé se distingue par sa ligne tendue et ses angles vifs, caractéristiques de l'époque. Très classique, la Garmisch arbore toutefois une calandre originale constituée de deux naseaux hexagonaux encadrés par d'imposants blocs optiques sous visière. Recouvrant la lunette arrière, la persienne façon nid-d'abeilles évoque certaines Lamborghini contemporaines, Espada et Miura, œuvres magistrales du carrossier italien. La Garmisch préfigure déjà par bien de ses aspects la future berline série 5, qui ne verra le jour que deux ans plus tard. Le prototype disparu est complètement reconstitué

Également imaginée par Marcello Gandini, la sobre Garmisch, exposée au Salon de Genève 1970, repose sur une plateforme de 2002 Tii. Disparue depuis, la voiture a été entièrement reconstruite en 2019 par le bureau de style de la marque. (BMW Group Classic)

Le style cunéiforme de l'habitacle, typique de l'époque, ne brille pas par sa fonctionnalité. (BMW Group Classic)

courant 2018 par l'équipe d'Adrian von Hooydonk, l'actuel directeur du design de BMW. Marcello Gandini participe à cette spectaculaire recréation : ses souvenirs s'avèrent particulièrement précieux, la plupart des plans d'époque n'existant plus. Suprême consécration, la Garmisch est terminée juste à temps pour participer au prestigieux concours d'Élégance de la Villa d'Este 2019, en présence de son ancien designer...

La Garmisch est parfaitement roulante, à l'instar de son aïeule, cinquante ans auparavant. (BMW Group Classic)

Création majeure de Paul Bracq, la sublime Turbo, photographiée ici dans un décor futuriste qui lui sied à merveille. (BMW AG/BMW Group Archiv)

La tour BMW, érigée par l'architecte Karl Schwanzer, photographiée vers 1973. Une ambiance ultramoderne typique des années 1970, qui cadre bien avec l'esprit du prototype Turbo. (BMW AG/BMW Group Archiv)

Nous avons évoqué dans ces pages le prototype de 2002 électrique, présenté lors des jeux Olympiques de Munich en 1972. Le département Motorsport GmbH dédié à la compétition est créé dans le même temps. La marque profite d'ailleurs de l'événement pour inaugurer dans la foulée la très futuriste Tour BMW, un bâtiment ultramoderne dessiné par l'architecte Karl Schwanzer. En forme de quatre-cylindres – d'où son surnom –, cet immeuble abrite le siège social de la firme et son musée, l'un des tout premiers du genre, à une époque où la plupart des constructeurs n'accordent guère d'intérêt à leur histoire. Parachevant sa démonstration de puissance, BMW souhaite frapper les esprits en dévoilant pour l'occasion le concept Turbo. Sous l'impulsion du vice-président Bob Lutz, cette spectaculaire supercar est conçue par l'équipe de Paul Bracq en à peine six mois. Carte blanche a été donnée au célèbre designer français pour imaginer un véhicule qui restera comme l'une de ses créations les plus marquantes. Assemblée dans les ateliers de Nuccio Bertone, la Turbo se distingue par son style futuriste et ses lignes extrêmement épurées. Très large (1,88 m) et très basse (1,10 m), cet extraordinaire vaisseau de seulement 4,15 m de long surprend par ses immenses portières papillon, clin d'œil à la légendaire Mercedes-Benz 300 SL. Le projet originel très optimiste devait accueillir un V12 sous son capot. Faute de temps, la Turbo emprunte plus modestement une plateforme de 2002 dont l'empattement a été ramené à 2,40 m. Installé en position centrale arrière, son bloc quatre-cylindres 1 990 cm³ suralimenté développe toutefois la bagatelle de 280 ch DIN, pour un poids inférieur à la tonne. La sublime Grand Tourisme revendique

Difficile de croire que cette spectaculaire supercar repose elle aussi sur une plateforme de 2002. (BMW AG/BMW Group Archiv)

Le créateur et son œuvre, photographiés en 1972. (BMW AG/BMW Group Archiv)

La Turbo est équipée de portières papillon, à l'instar de la mythique Mercedes-Benz 300 SL. (BMW AG/BMW Group Archiv)

Quelques mois auparavant, la voiture en cours de construction dans les ateliers de Bertone. Paul Bracq reçoit Giovanni Michelotti, le designer de la berline *Neue Klasse*. (BMW AG/BMW Group Archiv)

ainsi plus de 250 km/h en vitesse de pointe. Deux exemplaires roulants sont construits, dont l'un est équipé de bavolets sur les roues arrière, optimisant l'aérodynamique. Ces véhicules arborent une magnifique peinture "spectrale" variant du rouge à l'orange selon la luminosité. La sublime BMW n'en oublie pas pour autant les normes de sécurité très sévères du moment : les pare-chocs intégrés à la carrosserie forment deux boucliers déformables en cas de choc, et un radar d'approche figure en bonne place dans l'habitacle. Élue concept car de l'année par la *Revue automobile suisse* en 1973, la Turbo constituera une source d'inspiration pour la future M1, dessinée par Giorgetto Giugiaro, dont la carrière débutera à l'été 1978. Mais ceci est une autre histoire...

Préparée par AC Schnitzer, cette monstrueuse 2002 Turbo, vue ici au Nürburgring en 1977, développe plus de 525 ch. (Ferdi Kräling/BMW AG/BMW Group Archiv)

ESPÈCE
GÉNÉTIQUEMENT MODIFIÉE

Base préférée de toute une nouvelle génération de préparateurs, la série 02 va se constituer un impressionnant palmarès en compétition. Pionnière dans le domaine de la suralimentation, la légendaire 2002 Turbo mise au point par l'usine s'illustre brillamment sur les circuits, concluant la carrière de la petite BMW en beauté.

Hubert Hahne à Zandvoort en 1965. (J. van Lent/BMW Group Archiv)

SOUS LE SIGNE DE LA COMPÉTITION

Au terme d'une carrière sportive bien remplie, le pilote vedette de la marque Hubert Hahne (1935-2019) raccroche son casque en 1970. Concessionnaire BMW à Düsseldorf, il se marie la même année avec Diana Körner, actrice alors très en vogue outre-Rhin. Pour fêter l'événement, Hubert Hahne décide de commercialiser une douzaine de 2002 dénommées "Diana" en l'honneur de sa nouvelle épouse. Commercialisée début 1971, la 2002 Ti Diana se distingue par sa finition extrêmement luxueuse, sa calandre entièrement chromée nantie de quatre optiques, ses jantes en alliage léger Stil-Auto communes à certaines Alfa Romeo et ses teintes très *flashy* typiques de l'époque. L'aménagement de l'habitacle n'est pas en reste, profitant de sièges baquets munis d'appuie-tête, d'une sellerie en cuir, d'un toit ouvrant, de vitres électriques et de garnitures intérieures en daim très cossues. Certaines d'entre elles recevront même le bloc de la berline 2500. Forte de 150 ch DIN, cette 2002 explosive pouvait franchir la barre magique des 200 km/h chrono, mais le gros six-cylindres en ligne devait peser de tout son poids sur le train avant très sollicité. Tarifée 22 500 DM, la Diana vaut le double d'une 2002 Ti strictement de série, soit 11 990 DM. Le prix d'une certaine exclusivité… Selon les sources, trois exemplaires auraient survécu, dont un seul serait encore roulant, propriété d'un éminent collectionneur, fin connaisseur de la marque munichoise.
Rappelons que Hubert Hahne a longtemps couru avec la BMW 700, avant de s'illustrer au volant de la berline *Neue Klasse*. Le pilote allemand a notamment remporté le championnat d'Europe FIA des voitures de Tourisme 1966 avec la berline 2000 Ti. Parmi ses faits d'armes les plus retentissants, Hubert Hahne parcourt les 22,8 km de la fameuse boucle nord du circuit du Nürburgring en moins de dix minutes – 9,585 minutes exactement –, un véritable exploit pour

Le maître dans ses œuvres sur le circuit de Vienna-Aspern, toujours au volant d'une 1800 Ti. (Erwin Jelinek/BMW Group Archiv)

La voiture de Hubert Hahne dans les stands à Monza en 1965 : on est encore très loin des assistances en course d'aujourd'hui… (BMW Group Archiv)

Hubert Hahne en première position au volant d'une berline 2000 Ti au Nürburgring en 1966. Les Alfa Romeo n'ont qu'à bien se tenir. (Robert Kröschel/BMW AG/BMW Group Archiv)

Encore et toujours Hubert Hahne, au volant d'une 2002 au Nürburgring en 1968. (Weila/BMW AG/BMW Group Archiv)

La très exclusive 2002 Ti Diana distribuée par le célèbre pilote, désormais concessionnaire BMW. (BMW AG/BMW Group Archiv)

une voiture encore très proche de la série. Toujours sur 2000 Ti, il s'adjuge une très belle victoire la même année aux 24 Heures de Spa-Francorchamps, associé à Jacky Ickx. La série 02 prend le relais avec brio. Pilotant une 2002 très affûtée, Dieter Quester domine ce même championnat durant les saisons 1968 et 1969. Nombre de préparateurs locaux s'intéressent à la petite BMW, une base bon marché, solide et endurante, dont le bloc extrêmement robuste fait également merveille sur les monoplaces de Formule 2. Si Alpina et AC Schnitzer demeurent les plus connus, n'oublions pas de citer GS Tuning, ou encore Hans-Hubert Koepchen (1939-1999), qui rivalisent d'ingéniosité pour extraire toujours plus de chevaux du bloc M10, réalisant au besoin des culasses à quatre soupapes par cylindre. Engagée sous les couleurs de toutes ces écuries, la 2002 a fait les beaux jours du *Deutsche Rennsport Meisterschaft*, le championnat allemand des voitures de production, qui accepte à partir de 1977 les véhicules préparés en Groupe 5. Ces monstres débordant de puissance donnent lieu à des affrontements souvent spectaculaires. Très populaire, le championnat est très suivi par les amateurs de sports mécaniques d'outre-Rhin. La 2002 peut également se targuer d'un palmarès impressionnant en course de côte. Ernst Furtmayr triomphe deux ans de suite – 1968 et 1969 – au championnat d'Europe de la Montagne, vainqueur de sa catégorie au volant de sa 2002 Groupe 2. Le pilote allemand réédite l'exploit en 1970, cette fois-ci aux commandes d'une 2800 CS Groupe 2. En 1971, c'est le Suisse Walter Brun qui s'impose à ce même championnat, lui aussi au volant d'une 2800 CS Groupe 2. Baroud d'honneur, une 2002 Groupe 5 remporte une dernière fois le championnat de la Montagne en 1975, aux mains de l'Autrichien Willy Siller. La 2002 va bientôt céder sa place à la nouvelle série 3, aussi bien dans les concessions que sur l'asphalte des circuits...

LA MEILLEURE GROUPE 1 DU MOMENT ?

En avril 1972, le rédacteur en chef d'*Échappement*, Pierre Pagani, compare la BMW 2002 Tii à l'Alfa Romeo 2000 GTV, figurant parmi les montures préférées des pilotes inscrits en Groupe 1 : "En rallye, les BMW (Pierre Maublanc, Claude Ballot-Léna) reçoivent essentiellement une boîte cinq vitesses et un pont autobloquant, homologués pour le Groupe 1, ainsi qu'un couple court. L'Alfa Romeo 2000 GT Véloce est équipée, de série, d'une boîte cinq vitesses et d'un pont légèrement autobloquant : Guy Chasseuil à Monte-Carlo, Bob Wollek au Neige & Glace ou Gérard Larrousse au Lyon-Charbonnières disposaient d'un coupé pratiquement de série. [...] La BMW a un comportement très neutre en courbe, pouvant, au gré du conducteur, plus ou moins survirer. Elle est très facile à conduire vite sur le sec. Dès que le sol devient glissant, il faut se méfier car on se met à glisser très facilement plus qu'on ne le souhaiterait et pas toujours par le bout qu'on voudrait ! C'est que la plupart des voitures à moteur avant et à propulsion arrière manquent, sur sol glissant, d'adhérence à l'arrière parce que le poids du moteur ne s'exerce pas sur l'essieu moteur. Ce défaut est encore plus net sur l'Alfa Romeo dont l'essieu arrière rigide glisse à la moindre sollicitation. Cette inefficacité du train arrière de l'Alfa, lorsque ça glisse, explique qu'à Monte-Carlo, Guy Chasseuil, qui dominait Jean Ragnotti sur le sec, [le célèbre pilote disputait alors l'épreuve sur une Opel Ascona SR] devait lui céder le pas sur la neige, ses roues arrière patinant désespérément à la recherche d'une impossible adhérence. Sur le sec, l'Alfa est en revanche beaucoup plus efficace, avec une légère tendance à sous-virer, facile à corriger. L'Alfa comme la BMW ont une direction un peu trop démultipliée en usage sportif : c'est que ces deux voitures doivent aussi satisfaire une clientèle plus tranquille et moins précise au volant ! Les freins de la BMW s'avèrent plus résistants en usage intensif que ceux de l'Alfa qui broutent rapidement. Mais dans les deux cas, nous utilisons des plaquettes de série, ce qui n'est pas le cas en rallye. Notons que le freinage est le point faible de la BMW

La 2002 de Hans-Peter Koepchen et Erich Bitter au Nürburgring en 1968.
(Robert Kröschel/BMW AG/BMW Group Archiv)

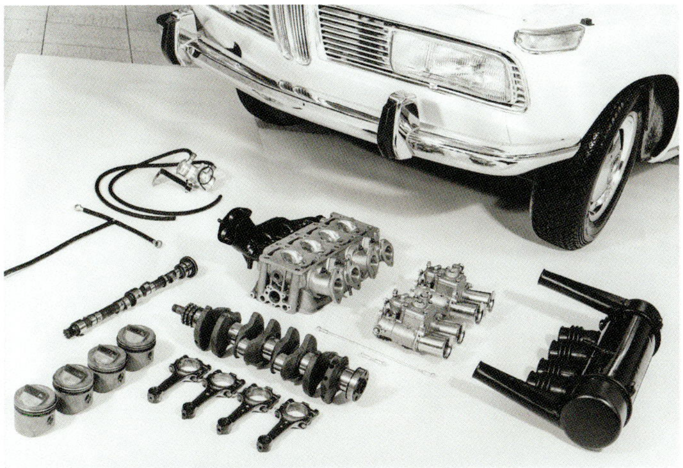

Alpina propose une pléthore de pièces spécifiques pour améliorer les performances des BMW, que ce soit pour une utilisation sur la piste ou sur la route. (BMW Group Archiv)

Le bloc-moteur 2 litres revu et corrigé par Alpina. (Ulrich Schwab/ BMW Group Archiv)

Dieter Quester et Dieter Basche aux 500 Kilomètres de Snetterton en 1968. La 2002, plus maniable, talonne une puissante Mustang. (Robert Kröschel/BMW AG/BMW Group Archiv)

en rallye, les tambours arrière s'usant rapidement. La puissance plus importante du moteur Alfa Romeo se manifeste surtout par la souplesse phénoménale dont on dispose dès 2 000 tr/min. Ce moteur respire la santé et constitue l'atout premier du coupé italien qui donne toujours l'impression d'accomplir facilement sa tâche. Ce moteur extraordinaire est doublé d'une boîte dont la maniabilité est absolument parfaite. L'ensemble moteur-boîte BMW est bon, excellent même, mais un peu inférieur à ce qu'offre Alfa Romeo. [...] Sur le circuit routier de Montlhéry, l'Alfa a mis six secondes de moins que la BMW. Si l'on compare les voitures de série, l'Alfa 2000 GT est donc supérieure à ses rivales. Mais, dès que l'on équipe ces voitures pour un rallye, le rapport de forces change. En effet, l'Alfa doit se contenter de ce qu'elle est, avantage économique certain ! En revanche, la BMW peut recevoir une boîte cinq vitesses (2 700 F) et un pont autobloquant (1 650 F). En jouant sur la pompe d'injection, on parvient à trouver une dizaine de chevaux supplémentaires." Très polyvalente, la BMW série 02 se place donc toujours dans le peloton de tête, qu'elle soit utilisée en simple usage routier ou en compétition. Nous avons évoqué les préparations effectuées par les Français Alexis Constantin et Jean-Pierre Blais, mais c'est surtout dans sa patrie d'origine que la petite Bavaroise va inspirer les évolutions les plus radicales, notamment en Groupe 5.

Une 2002 Ti préparée par l'usine en 1968. (Karl Attenberger/ BMW AG/BMW Group Archiv)

Peter Hoffmann en tête de peloton au volant de sa 2002 Schnitzer au Norisring en 1968. (Robert Kröschel/BMW AG/BMW Group Archiv)

La redoutable 2002 TIK, qui donnera bientôt naissance à la future 2002 Turbo de série. (Robert Kröschel/BMW AG/BMW Group Archiv)

ALPINA

Amateur de véhicules d'exception, Burkard Bovensiepen achète à la fin des années 1950 une Fiat qu'il fait préparer chez Enrico Nardi. Tout autant déçu par les performances moyennes que par la fiabilité aléatoire de sa nouvelle acquisition, le jeune industriel bavarois – son père dirige une usine de machines à écrire – jette bientôt son dévolu sur la nouvelle BMW 1500. Dès lors, ce motoriste de talent va s'employer à améliorer les performances de la berline *Neue Klasse*. Il remplace le carburateur Solex 40 PDSI par une batterie de deux Solex 40 PHH double corps montés sur une pipe d'admission spéciale. Commercialisé à partir de 1963, le kit Alpina fait grimper la puissance du moteur d'environ 15 %, sans altérer sa fiabilité. Un travail de grande qualité reconnu à sa juste valeur par l'usine, qui accorde sa garantie aux véhicules transformés, belle preuve de confiance s'il en est. Toujours plus ambitieuse, la petite officine commence à réaliser ses propres culasses pour des clients de plus en plus exigeants. Les techniciens d'Alpina s'adaptent sans cesse à une gamme en constante évolution, notamment la berline 1800 Ti/SA, dont bien des exemplaires vont passer entre leurs mains pour peaufiner leur préparation. L'arrivée de la 1600-02 Jubilé, puis de la 2002, constitue sans nul doute une aubaine pour l'entreprise. En 1968, ce sont près d'un millier de véhicules qui sortent des ateliers du préparateur à Kaufbeuren, une petite bourgade située à une centaine de kilomètres de Munich : près de neuf voitures sur dix sont des modèles de la série 02. Le succès est tel qu'Alpina est obligée de déménager dans la ville voisine de Buchloe deux ans plus tard, dans des locaux plus vastes et mieux équipés. Dans l'intervalle, Burkard Bovensiepen a complètement cessé la fabrication de machines à écrire. Plusieurs niveaux de préparation sont disponibles, selon les desiderata et le budget du client.

Une gamme très complexe – il serait très difficile d'en dresser une liste vraiment exhaustive – est bientôt proposée en parallèle de celle de l'usine. Cela va du simple montage d'un kit de double carburation à des préparations moteur extrêmement poussées, le bloc très robuste pouvant subir d'importantes transformations. Les culasses Alpina rabotées et planées reçoivent des soupapes d'admission et d'échappement de plus grand diamètre, montées sur des sièges spéciaux. Les lignes d'échappement retravaillées adoptent un dessin spécifique, et les embrayages sont renforcés. Les carburateurs Solex d'origine sont le plus souvent remplacés par des Weber, réputés plus faciles à régler. Si les bielles d'origine sont allégées et équilibrées, les pistons sont en revanche forgés chez Alpina. Proposées à la carte, de telles préparations permettent d'extraire du bloc 1 990 cm^3 jusqu'à 205 ch environ en configuration Groupe 5. Commercialisée dès 1966, la première 1600-02 Alpina Spezial, alimentée par un simple carburateur Weber 40 DCOE, développe déjà 110 ch DIN à 6 200 tr/min. Plutôt destinée à la piste, l'Alpina Spezial RS, gavée par deux carburateurs Weber 45 DCOE, culmine à 150 ch DIN à 7 500 tr/min et frise les 200 km/h chrono. Apparue en 1968, la 2002 Alpina reprend peu ou prou les mêmes recettes que son aînée, son moteur plus généreux en cylindrée permettant bien entendu des évolutions plus radicales encore. Si la 2002 Alpina "de base" ne délivre que 115 ch à 5 800 tr/min, la variante Alpina Ti délivre de 150 à 180 ch DIN environ, selon le niveau de préparation choisi. La 2000 Tii Alpina la plus "calme" qui lui succède roule à plus de 210 km/h chrono, son bloc fournissant 155 ch DIN à 6 600 tr/min. Soit 25 ch et 20 km/h de plus que la 2002 Tii de série. Selon le magazine allemand *Auto Motor Und Sport*, la voiture accélère de 0 à 100 km/h en 7,4 secondes, lorsque la Tii standard parcourt la même distance en 9,7 secondes…

Si une grande partie de ces véhicules est destinée à la compétition, nombre de *gentlemen drivers* confient leur BMW à l'officine afin d'améliorer ses performances au quotidien. Le réseau autoroutier déjà bien développé outre-Rhin est libre de toute limitation de vitesse – et le restera –, les automobilistes allemands ayant pris

Le moteur suralimenté de la TIK fournit environ 290 ch. Notez l'énorme bouchon de réservoir dissimulé dans le coffre. (Robert Kröschel/BMW AG/BMW Group Archiv)

Dieter Quester au volant de la 2002 TIK, à Thruxton en 1969, roue dans roue avec une grosse Ford Falcon. (Robert Kröschel/BMW AG/BMW Group Archiv)

Dieter Glemser distance deux Porsche 911 au volant de sa 2002 TIK au Nürburgring en 1969. (Heinz Härtel/BMW AG/BMW Group Archiv)

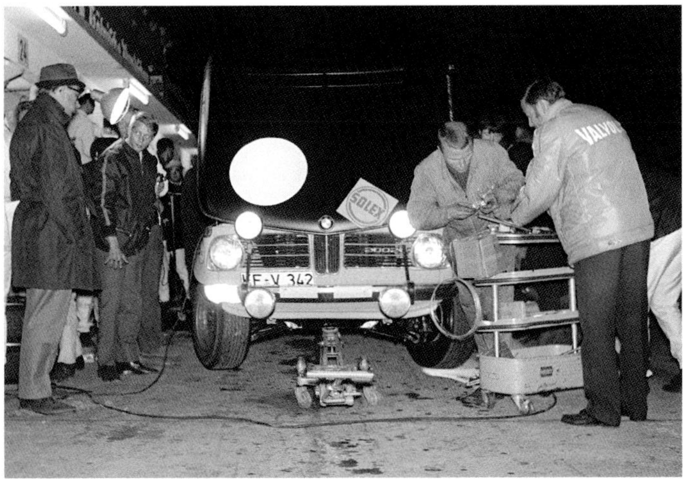

Relais de nuit au stand pour cette 2002 Ti engagée aux 24 Heures du Nürburgring 1969. (H.P. Seufert/BMW AG/BMW Group Archiv)

Helmut Bein et Dieter Heigels pilotent cette autre 2002 Ti Alpina durant les 24 Heures du Nürburgring 1969. (Heinz Härtel/BMW AG/BMW Group Archiv)

Une 2002 engagée au Marathon de la Route 1969. (Wörner/BMW Group Archiv)

l'habitude d'exploiter leurs voitures au maximum de leurs possibilités. Dans ce contexte particulièrement favorable, la réussite d'Alpina s'explique donc aisément. En mars 1969, le magazine *Virage Auto* consacre quelques pages au préparateur, dont il visite les ateliers : "La voiture essayée était une 2002 Ti version routière dont la civilité faisait oublier qu'elle avait exactement 163 chevaux DIN sous le capot. Intérieurement, elle était superbement aménagée avec volant cuir, deux sièges baquets d'un confort exceptionnel, arceau de sécurité et instruments additionnels. La transformation du moteur comprenait une culasse avec des soupapes de 46 et 39 mm commandées par l'arbre à cames type 300, les carburateurs Weber 45 DCOE et l'échappement spécial. La puissance du moteur ainsi créé oscille entre 160 et 165 ch, chiffre à rapprocher des 100 ch de la 2002 et des 120 de la Ti, en norme DIN toujours. La voiture s'est comportée de façon étonnante lors des essais de souplesse : promenade en ville sur les troisième et quatrième rapports de la boîte cinq vitesses de série et reprises pied au plancher en cinquième. À 3 500 tr/min, celles-ci sont énergiques. À 3 000 tr/min, elles restent acceptables mais le conducteur d'une telle voiture n'hésitera pas à rétrograder. Sur la route de Munich, dégagée de la neige, je me suis limité à environ 170 km/h par égard pour les pneus à clous garantis, paraît-il, jusqu'à quelque 180 km/h. À cette vitesse, lorsque les vitres sont fermées, seul le sifflement des clous trouble le confort d'une conversation que le sentiment de sécurité éprouvé incite à entretenir. La réserve de puissance dont on dispose porte à croire que la vitesse de pointe, annoncée entre 208 et 212 km/h suivant les pneus, est certainement atteinte. La 2002 Ti Alpina ainsi équipée est une très redoutable routière dont le confort doit permettre de réaliser en souplesse et en famille des étapes marathoniennes. Pour un prix d'environ 3 000 DM (environ 3 800 F), cette transformation Alpina doit faire rêver plus d'un père de famille nombreuse, amoureux de Porsche." Très compétitive, la 2002 Ti Alpina offre des performances pratiquement équivalentes à celles de la Porsche 911 E, autrement plus chère. Le comportement routier moins pointu de la BMW constitue en outre un réel avantage pour l'amateur néophyte, qui n'a pas nécessairement besoin de solides notions de pilotage pour exploiter au mieux les capacités de sa voiture.

AC SCHNITZER

Installé à Freilassing – une petite ville du nord de la Bavière –, le principal rival d'Alpina a été fondé en 1967 par les frères Josef et Herbert Schnitzer. La marque met souvent en concurrence les deux officines, qui alignent chacune leurs propres véhicules en compétition, dans un climat d'émulation constant. Comme Alpina, Schnitzer propose à la carte toute une série de préparations sur l'ensemble de la gamme BMW, des plus discrètes aux plus radicales. La 2002 Ti configurée en Groupe 2 offre déjà des performances redoutables. La caisse est considérablement allégée pour la circonstance : le

Rauno Aaltonen en essai en Corse, vers 1970.
(Mike Wood/BMW AG/BMW Group Archiv)

capot-moteur et le panneau de coffre sont remplacés par des éléments en polyester, tandis que les vitres latérales, les custodes et la lunette arrière sont réalisées en Plexiglas. L'ajout d'un réservoir auxiliaire porte la capacité totale d'essence embarquée à 100 litres. L'habitacle dépouillé de tous ses accessoires superflus reçoit un arceau de sécurité réglementaire. Les sièges d'origine sont remplacés par de spartiates baquets. Les ancrages de suspensions sont considérablement renforcés. Le train avant est identique à celui de la défunte 1800 Ti/SA. Le pont arrière profite quant à lui de ressorts spéciaux. Les barres antiroulis de grande dimension – à l'avant comme à l'arrière – et les amortisseurs Koni très durs limitent d'autant les inclinaisons de la caisse en courbe. Les passages de roue élargis accueillent d'impressionnantes jantes Campagnolo de treize pouces, chaussées d'énormes pneumatiques Dunlop Sport. Les quatre roues sont équipées de freins à disque Girling en fonte et munis d'étriers ATE. Le carrossage des roues est négatif à l'avant comme à l'arrière. La direction moins démultipliée ne nécessite plus que trois tours et demi de volant d'une butée à l'autre. Nonobstant toutes ces modifications, le poids total en ordre de marche de la BMW Schnitzer ne dépasse pas 890 kg.
Le bloc-moteur M10 fait l'objet de modifications très importantes. Les bielles sont allégées et polies, puis coiffées de pistons spéciaux forgés par Mahle. Le taux de compression est relevé à 10,8 à 1. Considérablement retravaillée, la culasse adopte un profil hémisphérique plus performant. Des soupapes de plus grand diamètre dotées de ressorts renforcés et des arbres à cames spéciaux fournis par BMW y sont installés. Le vilebrequin de série est soigneusement équilibré. Le volant moteur allégé va de pair avec un embrayage également renforcé, afin d'encaisser le couple bien plus important délivré par le quatre-cylindres. Les carburateurs Solex d'origine cèdent la place à leurs homologues Weber, à l'instar d'Alpina, lorsque ce n'est pas

Une 2002 très affûtée est engagée par l'usine au Tour de Corse 1970. (Mike Wood/BMW AG/BMW Group Archiv)

Pas moins de cinq 2002 en pleine bagarre sur la piste de Neudiberg en 1970. (H.P. Seufert/BMW AG/BMW Group Archiv)

Hans-Joachim Stuck et Günther Huber pilotent cette 2002 Alpina lors des 24 Heures du Nürburgring 1971. Engagée dans la même épreuve, la voiture de Ferfried Hohenzollern et Gerold Pankl, surprise lors d'un arrêt aux stands. (Ferdi Kräling/BMW AG/BMW Group Archiv)

Une 2002 Ti de l'écurie Brohl durant les 24 Heures du Nürburgring 1970. (Heinz Härtel/ BMW AG/BMW Group Archiv)

Plusieurs berlines E3 sont transformées en breaks pour assurer l'assistance en rallye. (BMW AG/BMW Group Archiv)

La 2002 Ti de Rauno Aaltonen et Ron Crellin au rallye autrichien des Alpes 1971. (BMW AG/BMW Group Archiv)

Hans-Joazchim Stuck et Gerold Pankl partagent le volant de cette 2002 Alpina lors des 24 Heures de Spa-Francorchamps 1971. (Robert Kröschel/BMW AG/BMW Group Archiv)

Photographiée durant cette même épreuve, cette 2002 Ti engagée par l'écurie Azur devra abandonner. (Robert Kröschel/BMW AG/BMW Group Archiv)

une pompe à injection Kugelfisher revue et corrigée par les motoristes de Schnitzer. Ces derniers n'ont pas oublié de rajouter un radiateur d'huile, bien utile pour refroidir efficacement la mécanique poussée dans ses derniers retranchements. Enfin, une batterie allégée permet d'économiser de précieux kilos. Deux boîtes de vitesses manuelles à cinq rapports sont montées au choix. La transmission Getrag se révèle très agréable pour un usage routier. Réputée pour sa robustesse, la transmission ZF à rapports rapprochés convient davantage à un usage en compétition. Le pont arrière bénéficie d'ailleurs d'un différentiel autobloquant à 75 %, issu du même équipementier. La puissance du moteur de 1 990 cm³ dépasse les 100 ch au litre, une valeur exceptionnelle dans le contexte de l'époque, encore fort respectable aujourd'hui, surtout pour un bloc non turbocompressé.

Octobre 1968. Pour les lecteurs du magazine *Champion*, Jean-Pierre Beltoise étrenne le volant d'une 2002 préparée en Groupe 2 chez Schnitzer : "La voiture que j'ai essayée était équipée d'un couple dit moyen, en fait plutôt court, convenant à une course de côte rapide ou un circuit accidenté, par exemple. C'est ce que m'a dit Francis Kruch, de Boulogne. Il représente, en France, le préparateur allemand Schnitzer qui a transformé la voiture. Avant de vous parler de l'essai proprement dit, je dois vous dire que c'est une voiture de ce type qui est actuellement en tête de sa catégorie., au championnat d'Europe de la Montagne, et qui a battu les Porsche 911 lors des 6 Heures du Nürburgring sur le célèbre circuit de vingt-trois kilomètres. [...] La voiture ainsi préparée est annoncée pour 900 kg et 190 ch. Ce sont là des données prometteuses de belles performances. À noter que lorsque le modèle est préparé en Groupe 5, c'est-à-dire avec l'injection, il donne encore 25 ch de plus ! Ici donc, en Groupe 2, le freinage reste de série, aux plaquettes près, qui sont bien naturellement des Ferodo DS11, universellement utilisées sur les monoplaces et les prototypes. La suspension est abaissée de quelques centimètres et réglée pour une utilisation en compétition. Les jantes en magnésium ont sept pouces de largeur, à l'avant comme à l'arrière, et sont d'un dessin comparable à celles de la Chaparral. Elles sont fabriquées à Munich. Des 'élargisseurs' d'ailes spéciaux sont fixés sur les passages de roues d'origine au moyen de rivets, pour envelopper les pneus qui ont une fâcheuse tendance à déborder de la caisse d'un bon nombre de centimètres. Cela donne à la voiture une véritable allure de dragster, dont la virilité se substitue sans trop de dommages au charme incontestable de la carrosserie d'origine dessinée par Michelotti. [...] Un siège-baquet ayant été bien entendu monté à la place du fauteuil de série, il devient difficile d'accéder au volant. Par contre, une fois installé, on se sent bien calé et la position de conduite se révèle agréable. Ceci est facilité par la position correcte des pédales et du volant dans la voiture de série. Ici, le volant normal a été remplacé par un autre, gainé de cuir, de trente-six centimètres

Friedhelm Thiessen et Walter Prüser pilotent cette 2002 lors des 1 000 Kilomètres du Nürburgring 1973. (Jutta Fausel/BMW AG/BMW Group Archiv)

Zandvoort, 1973 : cette 2002 préparée par Koepchen tente d'échapper à une 3.0 CSL très menaçante. (Ferdi Kräling/BMW AG/BMW Group Archiv)

Jean Todt et Achim Warmbold à bord de leur 2002 Ti au rallye autrichien des Alpes 1973. (BMW AG/BMW Group Archiv)

de diamètre, idéalement adapté à la conduite de la voiture. Le tableau de bord a été très légèrement aménagé, les tapis de sol supprimés, et un énorme roll bar, ou plutôt une véritable cage tubulaire, fait le tour intérieur de la caisse en suivant scrupuleusement les montants avant et arrière ainsi que les extrémités du pavillon. Inutile d'insister sur le niveau sonore lors de la mise en route, mais pour vous donner une idée plus précise du bruit que peut faire cette voiture, des spectateurs anonymes présents à Montlhéry pendant l'essai m'ont affirmé ne pas m'avoir quitté des oreilles pendant tout le temps que je roulais sur le circuit routier, qui mesure tout de même neuf kilomètres ! En ce qui concerne les qualités routières, première constatation, le train arrière broute terriblement si on accélère trop fort, non seulement en première, mais aussi en seconde ! Pour éviter cela, il faut donc soigneusement doser l'accélération pour rester juste à la limite du patinage des roues motrices. Il en résulte d'ailleurs une adhérence maximale et de meilleures performances. La boîte à cinq vitesses, type Porsche, passe très bien et reste correctement étagée, même avec la nouvelle courbe de puissance du moteur préparé. Les chevaux arrivent sérieusement vers 5 000 tr/min, et le couple maxi semble se situer autour de 5 600 tr/min. La limite de régime que l'on m'avait imposée était de 7 400 tr/min. Je m'en suis tenu là, et je pense d'ailleurs que ce n'est déjà pas si mal pour un 2 litres quatre cylindres issu de la grande série. La tenue de route de la voiture est absolument remarquable, neutre et bien équilibrée, légèrement survireuse sur des dos d'âne comme le passage de la cuvette de Couard qui 'travaille' terriblement les suspensions. Bien que le pont ait été pourvu d'un différentiel autobloquant, j'ai trouvé que le gâchis de puissance était très important en sortie de virages serrés. Sans doute cet intempestif patinage est-il dû pour beaucoup à un véritable effet de contraste entre la très forte puissance disponible et la légèreté de cette berline. La direction contribue beaucoup aux qualités routières de la BMW préparée. Peut-être n'est-elle pas tout à fait assez directe pour un usage idéal en compétition, mais par contre sa douceur et sa précision sont remarquables. Quant aux freins, ils sont très efficaces et ne paraissent pas être sensibles au fading. Le seul reproche que l'on peut leur adresser est que leur action passe par l'intermédiaire d'un servo. Solution qui, en compétition bien entendu, n'est pas la meilleure : la sensibilité à la pédale est à peine acceptable." Jean-Pierre Beltoise relève des temps d'accélération impressionnants, qu'il compare volontiers avec ceux obtenus par la Ferrari 250 GT Lusso, qu'il vient récemment d'essayer. Le 400 mètres départ arrêté est abattu en 15 secondes. Le 1 000 mètres réclame quant à lui 28,7 secondes, le moteur hurlant alors à 7 200 tr/min. En revanche, le pilote n'est pas parvenu à chronométrer la vitesse maximale, le pont court monté sur la BMW s'accordant mal avec le tracé du circuit de Montlhéry. Il estime néanmoins que la voiture peut atteindre plus de 220 km/h, Francis Kruch lui ayant confié que les versions à injection préparées en Groupe 5 frisaient les 240 km/h à Hockenheim. La préparation du moteur coûte 4 800 DM, ce qui équivaut à environ 6 000 F de l'époque. Identique à l'exemplaire essayé, une 2002 préparée en Groupe 2 vaut 35 000 F, tandis qu'une Groupe 5 réclame une mise de fonds de 40 000 F, ces tarifs ne tenant pas compte des frais de douane. Une somme importante qu'il convient de comparer avec le modèle de série, l'importateur affichant la 2002 Ti à 19 500 F…

En décembre 1970, José Rosinski reprend les commandes d'une 2002 Ti Schnitzer, préparée elle aussi en Groupe 2, pour les lecteurs de *Sport Auto*. Il dispose d'une version équipée de l'injection, dont la puissance atteint désormais 210 ch à 7 100 tr/min, le couple maximal de 22,8 mkg étant délivré à 6 200 tr/min : "Nous avons conduit cette voiture sur le circuit autrichien de Salzbürgring, dont le tracé se trouve malheureusement être d'une navrante stupidité : en tout, deux virages lents et un S rapide difficile par

Une 2002 préparée par GS Tuning au Nürburgring en 1974, pilotée par Jörg Obermoser. (Ferdi Kräling/BMW AG/BMW Group Archiv)

Une autre 2002 GS Tuning surprise à Hockenheim en 1975, pilotée par Jörg Obermoser. (Ferdi Kräling/BMW AG/BMW Group Archiv)

Jörg Denzel à Hockenheim en 1976. (Ferdi Kräling/BMW AG/BMW Group Archiv)

tour (4,238 km), c'est tout... Dans ces conditions, juger une voiture de tourisme est fort difficile ! Disons que nous aurions préféré une direction un peu plus directe, et surtout des freins sans assistance. En revanche, la tenue de route nous a paru très saine, quoiqu'un peu trop sous-vireuse, la voiture se prend très vite en main. La boîte est merveilleuse ainsi que le moteur dont la souplesse apparaît étonnante. Au total, on éprouve au volant de la 2002 Ti Schnitzer une confortable sensation de mise au point qui met si rapidement en confiance qu'après quelques kilomètres seulement, on est persuadé de l'avoir conduite pendant des années... Position de conduite, visibilité ne souffrent aucune critique. Pour ce qui est des performances, nous n'avons pu les mesurer. L'apport de l'injection nous a paru déterminant au niveau de la régularité de réponse du moteur sur une plage assez inattendue de régime, s'agissant d'un quatre-cylindres de 2 litres. À partir de 7000 tr/min cependant, la puissance semblait décroître quelque peu, mais notre voiture d'essai avait pas mal de courses dans le ventre, et ceci explique sans doute cela ! Le niveau sonore était évidemment très élevé, puisque l'échappement débouche latéralement vers le milieu de la voiture et que la carrosserie fermée fait office de caisse de résonance. En définitive, l'impression la plus notoire que laisse la BMW 2002 Ti Schnitzer est celle d'un véhicule d'une très grande homogénéité, dont la puissance est très bien accordée aux qualités routières."

Dans le même article, le journaliste de *Sport Auto* prend ensuite le volant de la BMW 2800 CS championne d'Europe de la Montagne cette saison. De fait, la comparaison entre les deux modèles apparaît forte intéressante, l'opulente six-cylindres étant également préparée en Groupe 2 : "Grâce à l'excellent baquet, la position de conduite est parfaite. À notre surprise, la direction assistée s'avère extrêmement agréable et précise en circuit, en fait, beaucoup plus qu'elle l'est sur la voiture de série : ceci provient sans doute de l'accroissement de la section des pneus. Par contre, le freinage ne nous a pas emballés, la voiture manque alors de stabilité. La tenue de route, pour sa part, nous a donné beaucoup de plaisir : malgré son poids et ses dimensions respectables, le coupé CS possède une étonnante maniabilité et n'est nullement fatigant à conduire. L'équilibre est remarquable, le roulis presque nul, les réactions au volant comme à l'accélération sont progressives et aussi saines que possible, les possibilités d'adhérence sont étonnantes. De ce fait, un grave problème moteur s'est d'ailleurs présenté : le carter d'huile très long et très étroit du six-cylindres en ligne a exigé de nombreux et difficiles cloisonnements pour empêcher le déjaugeage en virage. Quant au moteur lui-même, il est merveilleux de souplesse et de brio. D'une superbe énergie, les accélérations sont en outre parfaitement absorbées et transmises sur la route, et jamais nous n'aurions imaginé que la conduite d'une voiture de tourisme de cette taille et de ce poids, dotée d'une telle puissance, puisse être aussi facile." Il faut souligner que cette 2800 CS exploite au maximum les possibilités offertes par le règlement. Ainsi, le gros six-cylindres réalésé à 3 litres subit le même traitement de choc que le quatre-cylindres de la 2002 : pistons spéciaux Mahle, volant-moteur allégé et vilebrequin équilibré. L'injection Kugelfisher optimisée permet d'obtenir une puissance maximale de 320 ch DIN à 7 300 tr/min, le couple bondissant à 34 mkg à 6 200 tr/min. Un embrayage à double disque associé à une boîte de vitesses ZF à cinq rapports synchronisés a pour mission de dompter cette débauche de puissance et de couple. Comme le précise José Rosinski, l'étroitesse de ce six-cylindres augmente d'autant les risques de déjaugeage. Outre l'ajout d'un radiateur d'huile, les techniciens de Schnitzer n'ont pas hésité à lui adjoindre une pompe électrique forçant la circulation dudit lubrifiant, afin de remédier efficacement au problème. La carrosserie rigidifiée et allégée voit aussi ses trains roulants renforcés, et de gros freins à disque sont montés sur les quatre roues. Pas moins de quatre amortisseurs Bilstein guident le pont arrière, particulièrement sollicité en course de côte. Car l'imposante 2800 CS accuse plus de 1 200 kg sur la balance et embarque un réservoir supplémentaire portant la contenance totale à 120 litres d'essence. Autant de modifications qui font grimper le prix de cette monstrueuse bête de course à près de 60 000 DM, soit 96 000 F de l'époque. Près du double de la "petite" 2002 Ti Schnitzer, déjà fort compétitive...

DE LA PISTE À LA ROUTE

Largement utilisée dans le domaine du véhicule utilitaire, la suralimentation suscite un intérêt croissant en compétition, mais également auprès des constructeurs généralistes, qui souhaitent l'adapter à leurs modèles les plus sportifs. L'un des précurseurs de cette technique prometteuse n'est autre que la General Motors. Dès 1962, le géant nord-américain commercialise une Chevrolet Corvair turbocompressée en grande série. L'originale Chevrolet à moteur arrière adopte un six-cylindres 2 376 cm^3 suralimenté développant 150 ch SAE, lorsque la version atmosphérique n'en délivre que 80 en configuration de base. Une initiative intéressante qui va hélas rapidement tourner court. Critiquée pour sa tenue de route aléatoire, la Corvair est discréditée par le brûlot de Ralph Nader, *Unsafe at Any Speed*, et disparaît bien vite du paysage automobile américain. Le moteur turbocompressé n'en conserve pas moins ses émules outre-Atlantique, notamment en course avec la Formule Indy et surtout le spectaculaire championnat Can-Am, dans lequel Porsche s'illustre régulièrement. De son côté, BMW Motorsport – le département compétition dirigé par Jochen Neerspasch – s'applique à développer une 2002 très spéciale elle aussi dotée d'un turbocompresseur. Testée à partir de la saison 1969, cette redoutable 2002 TIK pilotée par Dieter Quester développe environ 290 ch. Elle s'adjuge le championnat d'Europe des voitures de production. Le bureau d'études en extrapole une version de série destinée à être produite à au moins 1 000 exemplaires, afin de pouvoir être homologuée en Groupe 2. Les ingénieurs prennent pour base le bloc 1 990 cm^3 de la 2002 Tii. Le taux de compression a été prudemment abaissé à 6,9 à 1 pour la circonstance, imposant le montage de pistons spécifiques. Conservant son injection Kugelfischer, le quatre-cylindres reçoit le renfort d'un turbocompresseur KKK. Un traitement radical qui fait grimper la puissance à 170 ch DIN à 5 800 tr/min, le couple atteignant alors 24,5 mkg à 4 000 tr/min. La chaleur intense qui règne sous le capot est judicieusement tempérée par l'adjonction d'un radiateur d'huile. Le châssis a également subi plusieurs modifications pour digérer au mieux cette cavalerie supplémentaire. Les suspensions ont dû être renforcées, le train arrière recevant des amortisseurs Bilstein réglables en trois niveaux de dureté. La monte pneumatique plus généreuse va de pair avec des disques ventilés à l'avant issus du coupé 3.0 CS, ainsi qu'avec des tambours

Plusieurs esquisses de la future 2002 Turbo réalisées par Manfred Rennen en 1972. (BMW AG/BMW Group Archiv)

La voiture en cours de finition sur les chaînes de montage. (BMW AG/BMW Group Archiv)

Un exemplaire sacrifié au crash-test. (BMW AG/BMW Group Archiv)

Le fameux sticker inversé fait scandale. Il sera rapidement supprimé pour mettre un terme à la polémique. (BMW AG/BMW Group Archiv)

Un tableau de bord à la décoration spécifique. (BMW AG/BMW Group Archiv)

Des sièges plus enveloppants offrent davantage de maintien latéral dans les courbes. (BMW AG/BMW Group Archiv)

de plus grand diamètre à l'arrière. Un différentiel autobloquant à 40 % équipe le modèle en série, mais il est toujours possible de choisir entre les deux transmissions à quatre ou à cinq vitesses et plusieurs rapports de pont. La capacité du réservoir d'essence passe de 46 à 70 litres afin de préserver une autonomie décente. Attraction majeure du Salon de Francfort, la 2002 Turbo entre en scène à l'automne 1973, où elle est présentée en même temps que le prototype de la Porsche 930, l'autre icône allemande du moment. Le coach bodybuildé s'identifie au premier coup d'œil à sa livrée blanche ou grise – les deux seules teintes disponibles – rehaussée par des bandes tricolores (bleu, violet et rouge) aux armes de BMW Motorsport. Le modèle arbore en outre un spoiler surdimensionné, des extensions d'ailes et un becquet monté sur le coffre. L'usine pousse la provocation jusqu'à mettre un sticker "2002 Turbo" inscrit à l'envers sur la calandre menaçante, incitant les autres automobilistes à céder le passage en l'apercevant dans leur rétroviseur. Devant les protestations des pouvoirs publics, ce dernier sera très vite supprimé. L'habitacle n'est pas en reste, avec sa platine de tableau de bord rouge vif, son volant sport spécifique à trois branches et ses sièges baquets Recaro, qui offrent enfin un maintien latéral digne de ce nom. Le tachymètre est gradué jusqu'à 250 km/h et le manomètre de pression du turbo n'est pas là pour la figuration. Pesant 1 080 kg en ordre de marche, la 2002 Turbo atteint avec une déconcertante aisance

La BMW est l'un des premiers modèles de série à arborer le monogramme qui fait toute la différence... (BMW AG/BMW Group Archiv)

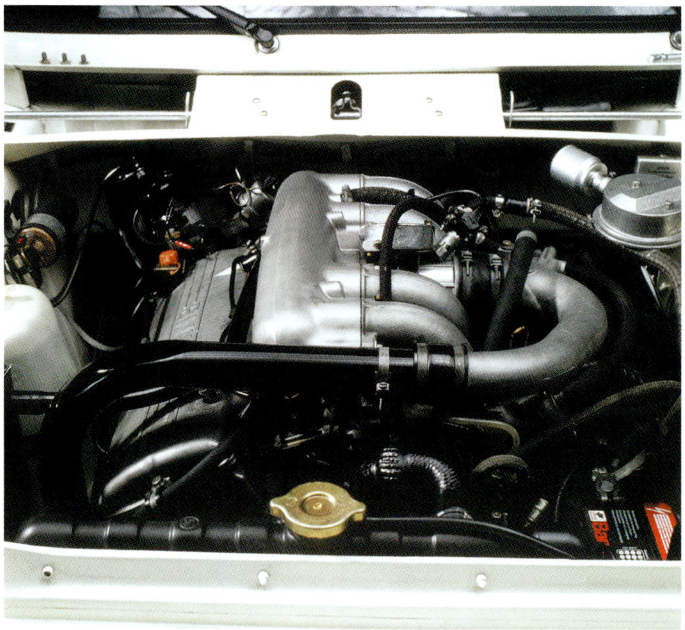

Le bloc M10 suralimenté fournit 170 ch DIN à 5 800 tr/min en configuration de série. (BMW AG/BMW Group Archiv)

La 2002 Turbo et la 3.0 CSL, les deux fers de lance de la marque en compétition. (BMW AG/BMW Group Archiv)

Plutôt sauvage, la 2002 Turbo nécessite de réelles compétences de pilotage. (BMW AG/BMW Group Archiv)

les 210 km/h chrono. Mais plus encore que sa vitesse de pointe, ce sont ses accélérations sauvages qui impressionnent l'amateur de sensations fortes. Crime de lèse-majesté, la BMW accélère de 0 à 100 km/h en à peine 7 secondes, faisant jeu égal avec la Porsche 911 Carrera, un peu plus rapide en vitesse pure. Revers de la médaille, le fameux temps de réponse du turbo réclame une certaine accoutumance, et la voiture se révèle assez creuse en dessous des 4 500 tr/min, seuil à partir duquel elle se réveille brutalement. Une fois passé ce cap, la BMW requiert donc de réelles notions de pilotage pour donner le meilleur d'elle-même. Dépassé par les événements, le châssis avoue rapidement ses limites et perd le légendaire équilibre qui a fait la réputation de la série 02. Marginale, sauvage et plutôt difficile à dompter, la 2002 Turbo ne vise évidemment pas une grande diffusion. Son tarif dissuasif (46 300 F) la destine essentiellement à de riches pilotes privés. Toutefois, les premiers exemplaires ne sont livrés qu'en janvier 1974. Les contrecoups de la crise énergétique commencent déjà à se faire sentir, et les ventes restent très confidentielles. La 2002 Turbo s'efface discrètement à la fin du millésime 1975, seulement 1 672 unités ayant été assemblées depuis son lancement, parmi lesquelles un quota de 150 exemplaires réservés au marché français.

Le modèle a souvent reçu des projecteurs additionnels pour pallier la faiblesse de l'éclairage d'origine. (BMW AG/BMW Group Archiv)

UN MONSTRE DE BRUTALITÉ

En septembre 1973, José Rosinski est l'un des premiers journalistes à pouvoir essayer la 2002 Turbo sur les pistes d'essai du constructeur. Il livre ses impressions aux lecteurs de *Sport Auto* : "La suralimentation n'entre en action qu'à partir de 3 500 tr/min : le rapport volumétrique étant sensiblement abaissé, la 2002 s'avère certes très souple, mais aussi remarquablement molle à bas régime ; c'est une première constatation qui n'est pas à l'avantage du système. En fait, les chevaux ne viennent réellement se presser sous le pied qu'à partir de 4 500 tr/min : alors, jusqu'au régime maximal autorisé de 6 400 tr/min, ça pousse au contraire, et vraiment très fort ! Sur tous les rapports d'ailleurs, y compris la quatrième en prise directe, où les 6 400 tr/min en question sont

Deux autres 2002 aux 1 000 Kilomètres du Nürburgring 1973. (Jutta Fausel/BMW AG/BMW Group Archiv)

Une 2002 Schnitzer pilotée par Wolfgang May et Sepp Manhalter à Salzbourg en 1974. (Jutta Fausel/BMW AG/BMW Group Archiv)

très rapidement atteints, correspondant à une vitesse de 210 km/h. Si vous voulez, ce moteur a deux visages complètement distincts : patelin, benoît aux petites allures, il se déchaîne ensuite, méconnaissable. C'est saisissant. Et cela exige une boîte bien étagée ; voire cinq rapports bien rapprochés. Or, d'origine, la Turbo est livrée équipée de l'habituelle boîte à quatre vitesses, dont l'étagement toutefois a été revu par rapport à celui de la Tii (outre que la démultiplication finale est plus longue). De la sorte, à 6 000 tr/min, on atteint successivement 60, 105 et 155 km/h sur les intermédiaires (au lieu de 50, 90 et 135 km/h), cependant que la chute en régime moteur, si elle atteint 2 600 tr/min entre première et seconde, n'est plus ensuite que de 1 800 tr/min entre seconde et troisième, et de 1 300 tr/min seulement entre troisième et quatrième. Dans la pratique, l'écart constaté entre la seconde et la troisième est un peu trop grand : sur un parcours accidenté, il est difficile de maintenir le régime au-dessus des fatidiques 4 500 tr/min en troisième, surtout lorsque l'adhérence est précaire. Nous nous en sommes aperçus en essayant la voiture sous la pluie. En revanche, sur sol sec, ce défaut s'atténue considérablement du fait que l'on n'hésite pas à utiliser la seconde à haut régime, et aussi qu'allant plus vite, les passages 'tangents' en régime sur le mouillé sont escamotés du simple fait qu'il devient possible de ne plus 'décrocher' en troisième sous les 4 500 tr/min. En fonction de l'accroissement sensible des performances, la 2002 Turbo – il en sera initialement fabriqué une série de 1 000 exemplaires aux fins d'homologation en Groupe 2 (à noter que suivant la réglementation sportive en vigueur, la cylindrée sera affectée d'un coefficient d'augmentation de 1,4 en raison de la suralimentation, ce qui signifie qu'elle sera considérée comme une 2,8 litres) –, la Turbo, donc, a reçu un certain nombre de modifications. Les principales concernent les freins renforcés (disques ventilés de plus grand diamètre), les roues (jantes de 5,5 pouces), les pneus (185/70 VR13), la capacité du réservoir d'essence (portée à 70 litres) et du radiateur d'eau, l'adjonction d'un radiateur d'huile. L'équipement de bord est plus sportif, grâce à de vrais baquets bien enveloppants (mais que la position du brin supérieur de la ceinture trois points est dangereuse !), et à un volant de plus petit diamètre (ce qui améliore incontestablement la précision, mais rend la direction excessivement lourde et fatigante, d'autant que la position de conduite souffre de l'écart trop grand entre le fond du siège et le volant). Cependant, c'est par son aspect extérieur fort spectaculaire que le bon peuple ne manquera pas de reconnaître une Turbo : renflements d'ailes en polyester rapporté, grand tablier horizontal avant sur lequel est inscrit (à l'envers, c'est plus amusant, même si cela ne renseigne que peu de conducteurs de voitures rejointes, tant il est vrai que le rétroviseur est un accessoire qu'ils utilisent bien peu…) : 'Turbo 2002' ; enfin, becquet à l'extrémité du couvercle de malle arrière. Au total, l'aspect de cette voiture est assurément fonctionnel, sinon esthétiquement gracieux ! Mais l'important, c'est

Quelques accessoires de la gamme *Motorsport* en 1974. (BMW AG/BMW Group Archiv)

que ces accessoires et dispositifs soient efficaces : or, il est incontestable qu'ils le sont, car la Turbo tient parfaitement le cap à sa vitesse maximale, et révèle un excellent équilibre en virages." José Rosinski parcourt le 400 mètres départ arrêté en 15,3 secondes, et le 1 000 mètres en 28,1 secondes, atteignant 210 km/h à 6 400 tr/min. Il conclut : "On le voit, la 2002 Turbo est une véritable voiture de sport, dont les accélérations se situent à un niveau analogue à celui de GT aussi authentiques (et chères !) qu'une Porsche 911 S, une Ligier JS2, une Lamborghini Jarama ou une Ferrari 365 GTC/4 ! Naturellement, il ne faudrait pas en attendre un comportement aussi raffiné ou confortable. Mais l'efficacité est là, et bien là."

En janvier 1975, le même José Rosinski teste enfin le modèle de série : "À bord, la Turbo se distingue par la couleur rouge de la planchette porte-instruments, l'adjonction d'un manomètre de

Duel entre deux 2002 Turbo à Hockenheim en 1975. (Ferdi Kräling/BMW AG/BMW Group Archiv)

Omniprésente sur les circuits allemands, comme ici en 1976 au Norisring, malgré son âge avancé… (Ferdi Kräling/BMW AG/BMW Group Archiv)

Jörg Obermoser au Norisring en 1976. (Ferdi Kräling/BMW AG/BMW Group Archiv)

pression d'admission permettant de contrôler le fonctionnement du turbocompresseur, un volant à jante épaisse garni de cuir, et deux sièges baquets (à dossiers réglables) aux places avant. L'habitacle ne se départ nullement de la sobriété accusée des modèles 2002, et en retient d'ailleurs certaines lacunes, comme l'absence d'un manomètre de pression d'huile. La position de conduite s'avère excellente et les baquets accroissent de manière spectaculaire le confort, non seulement parce qu'ils maintiennent mieux le corps que les fauteuils habituels, mais aussi parce que (paradoxalement !) ils sont beaucoup moins durement rembourrés... En ville, cette voiture 'agressive' révèle un tempérament tout à fait benoît : en effet, aux alentours de 4 500 tr/min, l'action du turbocompresseur ne se fait pratiquement pas sentir, et l'on conduit par conséquent une 2002 dégonflée et très souple, tant que l'on se contente d'une pression modérée sur l'accélérateur et que l'on ne tire pas sur les intermédiaires. L'accroissement de la largeur des pneus provoque un alourdissement sensible de la direction, que l'on souhaiterait pourtant un peu plus directe. La visibilité ne suscite aucune critique, mais il faut prendre garde lorsqu'on se gare au fait que l'avant est dépourvu de pare-chocs. À ce détail près, on éprouve en somme les sensations d'être au volant d'une voiture de tourisme parfaitement banale, rien dans son comportement dans la circulation ne laissant deviner son tempérament. [...] Mais, dès que l'on sollicite la pédale de gaz, le docteur Jekyll se transforme en Mister Hyde ! À partir de 4 500 tr/min, en effet, l'aiguille du compte-tours bondit littéralement, et la Turbo procure des accélérations extraordinaires qui la rendent formidablement amusante à conduire. Exceptionnellement sûre aussi, tant les dépassements peuvent être effectués sans délai, en un éclair. En effet, il n'y a pas de problèmes de temps de réponse à l'accélérateur, du moins tant que le régime s'établit au-dessus de ces fameux 4 500 tr/min. Lorsque l'on accélère franchement depuis un régime inférieur, l'intervention du turbocompresseur se manifeste d'une manière nettement perceptible par un soudain surcroît de puissance vers 4 500 tr/min. Celle-ci peut d'ailleurs constituer un problème de conduite dans des conditions d'adhérence particulièrement mauvaises (pavés gras, feuilles mortes, etc.), où elle peut provoquer le patinage des roues motrices. Grâce aux pneus larges et au différentiel autobloquant, la motricité s'avère excellente, nettement meilleure que celle d'une 2002 Tii par exemple. Sur une chaussée sèche, la tenue de route est excellente aussi. Légèrement sous-vireuse, la Turbo se révèle très maniable, engendre peu de roulis, se place avec précision et accepte volontiers de virer en force après mise en glissade du train arrière. Si le revêtement se détériore, la précision diminue, mais les réactions restent saines. Sur le mouillé, cependant, l'efficacité de l'autobloquant se montre sans doute excessive par rapport à celle du train avant, et la tendance à

Une 2002 Turbo préparée par GS Tuning à Zolder en 1977.
(Ferdi Kräling/BMW AG/BMW Group Archiv)

Walter Röhrl au Norisring en 1977, au volant d'une monstrueuse 2002 Turbo préparée par AC Schnitzer. (Ferdi Kräling/BMW AG/BMW Group Archiv)

sous-virer devient alors exagérée. Au niveau du freinage, le système mixte disques-tambours tend à perdre de son efficacité lorsqu'il est très sollicité, au détriment de l'équilibre. Quant au confort, ce n'est certainement pas la vertu cardinale de cette voiture 'musclée' dont la suspension est particulièrement sèche, et dans laquelle, l'été, le système de ventilation s'avère incapable d'évacuer les calories transmises dans l'habitacle par une tubulure d'échappement fonctionnant au 'rouge cerise' ! Par ailleurs, si le moteur est remarquablement peu bruyant, la carrosserie engendre à des vitesses élevées de violents remous d'air. Enfin, la finition, si elle mérite le qualificatif de 'sérieuse', n'en présente pas moins un aspect 'ordinaire'. [...] Extrêmement brillante, offrant un rapport prix-performances tout à fait remarquable et même hors du commun, la BMW 2002 Turbo sait également se montrer très docile et sans histoire en conduite urbaine. Elle peut aussi bien satisfaire les goûts sportifs de son pilote que les impératifs familiaux de son conducteur. Cette double personnalité, très accusée dans un sens comme dans l'autre, la rend parfaitement attachante. Sans doute n'est-elle pas sans défauts : ses qualités routières, pour sérieuses et solides qu'elles soient, n'atteignent pas le raffinement d'un moderne coupé sportif à moteur central. Mais son exceptionnelle 'santé', ce caractère exubérant, viril, entier est sympathique au plus haut point. Il n'est guère aujourd'hui de voiture plus amusante à conduire." José Rosinski chronomètre le 1 000 mètres départ arrêté en 30,4 secondes et atteint une vitesse maximale de 202 km/h. Des prestations un peu moins flatteuses qu'auparavant mais qui restent tout de même exceptionnelles dans le contexte de l'époque. Au cours de l'essai, la voiture consomme environ 18 litres/100 km, et 13 litres sur autoroute en maintenant une vitesse de croisière de 140 km/h stabilisés.

La 2002 Turbo Schnitzer est aisément reconnaissable à ses excroissances démesurées, typiques des excès de son époque. (Ferdi Kräling/BMW AG/BMW Group Archiv)

Un mois plus tard, Pierre Pagani, dans *Échappement*, rend lui aussi un jugement très positif : “Le moteur est formidable. S'il semble plutôt mou jusqu'à 4 000 tours, régime en dessous duquel on ne ressent pas l'action du turbo, il libère, à partir de ce régime, une puissance incroyable jusqu'à 6 400 tours, régime auquel un rupteur coupe l'allumage. On peut donc conduire la Turbo doucement, sans dépasser 4 000/4 500 tours, ce qui maintient la consommation en dessous de 10-12 litres/100 km tout en assurant presque les performances d'une 2002, ou bien très sportivement, en utilisant le moteur entre 4 500 et 6 400 tours. Sur l'autoroute, on consommera alors entre 14 litres/100 km à 150 km/h et 25 litres à 200. En vitesse maximum, nous avons atteint 195 km/h (200 au compteur) mais nous avons plusieurs fois dépassé cette vitesse sur l'autoroute, à l'occasion d'un faux plat par exemple, où le compteur indiquait 220 km/h ! [...] Le maniement de la boîte nous a semblé inadapté : lent, avec une trop longue course du levier. L'essai d'une seconde Turbo (celle qui avait été conduite par Derek Bell à Dijon le jour du Grand Prix de France) nous a démontré qu'en changeant les silentblocs, tout pouvait s'arranger de ce côté. Remarquablement confortable, la Turbo, on s'en doute, tient bien la route. Pourtant, il est difficile de ne pas relever un gros défaut : la direction. Elle est trop dure. Et si à grande vitesse ou en conduite sportive on s'en accommode, cela devient un vrai calvaire s'il s'agit de garer la voiture. Or la Turbo n'est pas une voiture de course, même si Pierre Maublanc a l'intention de nous démontrer le contraire, bientôt, au rallye Neige & Glace. Ce défaut mis à part, on trouvera le comportement assez neutre : sous-vireur mais sans excès à l'abord des virages, on peut survirer à la demande, il suffit d'être au-dessus de

Toine Hezemans et Dieter Quester terminent à la huitième place du Zandvoort Trophy 1977, roue dans roue, avec un coupé Jaguar XJ et une 2002. (Ferdi Kräling/BMW AG/BMW Group Archiv)

Rolf Rummel à Zandvoort en 1977. (Ferdi Kräling/BMW AG/BMW Group Archiv)

La "vieille" 2002 Turbo bataille sans démériter contre la toute nouvelle génération de série 3. (Ferdi Kräling/BMW AG/BMW Group Archiv)

4 500 tours et d'accélérer ! Le roulis reste dans des normes admissibles, cette voiture étant, ne l'oublions pas, un compromis entre les exigences du sport… et celles du confort. Sur sol mouillé, le changement d'assiette s'avère assez brutal, mais pour un sportif, que d'agrément et que de charme dans ce comportement un peu sauvage !" Pierre Pagani obtient des temps supérieurs à ceux relevés par José Rosinski, disposant, semble-t-il, d'un exemplaire particulièrement en forme. Il chronomètre ainsi le 400 mètres départ arrêté en 15,7 secondes et abat le 1 000 mètres en 29,3 secondes. Pas mal pour une "simple" 11 CV. Il faudra pourtant attendre la fin de la décennie pour que d'autres constructeurs généralistes adoptent aussi la suralimentation avec succès, à l'instar de Saab, avec la 99 Turbo (1977), Renault, avec la très baroque R5 Turbo (1980), ou encore Audi, avec l'impressionnante berline 200 Turbo (1980 également). Et dans une moindre mesure, sur des modèles économiques, Peugeot faisant preuve de précurseur avec la 604 Diesel Turbo (1979), l'un des premiers modèles "performants" du genre…

Rainer Zweibäumer pilote cette 2002 Groupe 2 au Nürburgring en 1978. (Ferdi Kräling/BMW AG/BMW Group Archiv)

Une icône des années 1960-1970, qui a marqué la mémoire de toute une génération de (jeunes) automobilistes. (BMW AG/BMW Group Archiv)

GUIDE D'ACHAT

UNE VALEUR SÛRE À L'OCCASION

En août 1975, le magazine *Échappement* publie les témoignages de propriétaires du modèle dans sa rubrique "Verdict" consacrée ce mois-ci à la BMW série 02. Morceaux choisis : "J'ai acheté d'occasion ma BMW 1600 Ti de 1969 qui avoue aujourd'hui 95 000 km. Peut-être suis-je chanceux, mais le plus gros pépin que j'ai eu a été le remplacement de l'interrupteur qui commande les stop. Je l'entretiens moi-même et j'ai toujours trouvé chez le concessionnaire de Valence les petites fournitures dont j'ai eu besoin, sans avoir à les commander. En ville, en roulant normalement, la consommation oscille autour de 13 litres, et sur route à 110 km/h, je ne dépassais pas 11 litres (paradoxalement, en roulant à 90 km/h, j'atteins les 11 litres). Je reproche, et là je rejoins pas mal de monde, l'insuffisance de l'éclairage : j'ai monté des H4, et c'est nettement mieux. Le bouton qui permet de passer en codes n'est pas pratique. Un autobloquant, seulement à 30 %, serait le bienvenu, car en virage serré à vive allure, la roue intérieure patine un peu trop. Tout ceci mis à part, c'est une excellente voiture robuste et sans surprises. De plus, en Régional, et en National Groupe 1, elle est pratiquement sans rivale dans la classe 1 300 à 1 600 cm^3 avec ses 105 ch DIN. C'est bien dommage que la firme ait abandonné ce modèle. [...] Mon oncle, quand il cessa de courir, mit en vente sa BMW 2002. Elle avait 28 000 km, et je me précipitai pour l'acheter. Je ne fus pas déçu :

Le hall d'une concession allemande photographié en 1966. (BMW AG/BMW Group Archiv)

La monture idéale pour arpenter les petites routes de montagne. (BMW AG/BMW Group Archiv)

c'est une voiture exceptionnelle et sûre, nerveuse, puissante. Un seul point noir, l'austérité de l'habitacle et la pauvreté du tableau de bord. Il me semble que pour une telle voiture, des manomètres de pression et de température d'huile pourraient être montés en série, ainsi que des phares bi-iodes et un radiateur d'huile. Que dire des 1602, 1802, et 2002 qui n'ont même pas de compte-tours ? Mais à part cela, la BMW est parfaite, aucun ennui mécanique n'est à signaler (attention, les synchros de boîte sont assez fragiles). Malheureusement par suite de problèmes familiaux, je fus obligé de la vendre en juin 1972. Je la regrette encore aujourd'hui. [...] Je suis possesseur d'une BMW 2002 Tii Touring depuis mars 1974. Les plus gros ennuis que j'ai eus jusqu'à maintenant sont venus de l'allumage qui se dérègle facilement, ceci étant dû certainement au fait que je roule beaucoup en ville. Les vidanges sont effectuées tous les 3 000 km, les vis platinées et les bougies sont changées tous les 8 000 km. À part l'allumage, les grosses réparations ont concerné la pompe à eau, les plaquettes de freins et les amortisseurs avant, le pot d'échappement (deux fois) et le flector de sortie de boîte. Du point de vue conduite, c'est une voiture agréable, une bonne routière malgré un confort moyen. Les accélérations sont franches, la tenue de route est bonne sur le sec, délicate sur le mouillé. J'ai été surpris par la consommation (10 litres en parcours routier, l'injection y étant sûrement pour quelque chose). L'intérieur est sobre, fonctionnel : un seul reproche, l'absence d'un manomètre d'huile. Il est également regrettable qu'il faille payer 3 000 F de supplément pour la boîte cinq vitesses. En conclusion, la 2002 Tii est une voiture appréciable sur de longs parcours, qui possède un moteur robuste, avec laquelle il est possible de se faire plaisir, mais qui demande de l'entretien. [...] Je suis propriétaire d'une BMW 2000 Tii Touring achetée à 35 000 km en janvier 1973. Ma voiture totalise maintenant 125 000 km et cela non sans satisfactions, mais aussi non sans ennuis, le moteur ayant été refait à 95 000 km. L'entretien se limite aux pneus, changés tous les 25 000 km, les plaquettes de freins tous les 30 000 km, et 2 litres d'huile pour 6 000 km. À l'actif, on peut signaler une tenue de route saine, un confort suffisant, un moteur très agréable, souple, nerveux, puissant, suffisamment solide, relativement sobre (12,5 litres à fond, mini 9 litres et généralement 11 litres sur routes variées... à plus de 90 km/h). Au passif, beaucoup de bruits aérodynamiques et surtout une disposition propre à la Touring mal étudiée : sièges arrière bruyants, entourage de la malle arrière laissant passer les gaz d'échappement, etc. Voilà, en résumé, une voiture attachante dont je n'aimerais pas me séparer, mais les prix (achat et pièces détachées) sont exagérés et la réputation de robustesse surfaite. Ma prochaine voiture, une BMW 2002 Tii sans doute, ou une bonne Commodore GS/E d'occasion. [...] J'ai été possesseur d'une BMW 1602 de 9 CV achetée neuve en novembre 1972. Sur le plan mécanique, il n'y a rien à dire, moteur très souple, boîte et pont sans problèmes. Cette voiture m'a toujours donné entière satisfaction. Sur 20 000 km, j'ai changé un jeu de plaquettes de freins avant et un radiateur de chauffage, et les pneus Michelin XAS FF ont fait 5 000 km mais quelle tenue ! J'ai vendu cette voiture pour goûter à l'Alpine Renault, mais j'ai été déçu tant au niveau mécanique que financier. Une petite Rallye 2 très solide est venue s'intercaler et j'attends avec impatience ma prochaine... BMW, qui sera certainement une 1502 ou une 2002..."

Si la petite BMW amorce sa fin de carrière, elle jouit toujours d'une excellente réputation auprès de ses acquéreurs, certains d'entre eux, pilotes amateurs à leurs heures, n'hésitant pas à aligner leur monture en compétition. On le constate également, ils sont tous unanimes à reconnaître l'agrément de conduite et les qualités dynamiques de la voiture, nonobstant l'équipement un peu chiche – pour ceux qui n'ont pas coché les bonnes options lorsqu'ils ont signé le bon de commande – et son confort relatif sur de longs parcours. Pour un coût raisonnable d'utilisation (ou presque), la série 02 leur offre un rapport prix/performances imbattable. La plupart resteront d'ailleurs fidèles au constructeur et achèteront par la suite une autre BMW. La stratégie de conquête de la marque – on commençait à peine à parler de marketing à l'époque – s'avère donc déjà redoutablement efficace...

LA SÉRIE 02 AUJOURD'HUI

Alerte cinquantenaire, la petite BMW a fort bien traversé les années. Capable de s'insérer dans le flot de la circulation actuelle avec une réelle aisance, le modèle peut toujours prétendre à une utilisation quotidienne, moyennant quelques précautions d'usage, bien entendu. Encore très sages, les premières 1600 Jubilé – faut-il les trouver ! – séduisent davantage les puristes. Cependant, la puissance relativement limitée du quatre-cylindres originel risque de laisser un peu sur sa faim l'amateur de conduite sportive. De fait, les 1602 et les 1802 ultérieures lui sembleront un peu sous-motorisées, une simple citadine d'entrée de gamme affichant un rapport poids/puissance pratiquement identique. Revendiquant des performances largement supérieures, la rarissime 1600 Ti et la 2002 standard se montrent nettement plus convaincantes de ce point de vue. Encore redoutable sur la route, la 2002 Ti constitue évidemment le Graal pour tout collectionneur averti. Outre sa puissance légèrement supérieure et sa consommation moindre, la 2002 Tii y ajoute l'agrément de l'injection, plus à son aise en parcours urbain et réclamant des réglages moins fréquents que les carburateurs. Faisant toujours autant figure d'enfant terrible de la lignée, la 2002 Turbo nécessite de solides compétences de pilotage pour exploiter au mieux tout son potentiel. Très à part du reste de la gamme lors de son lancement, cette version superlative a conservé tout son caractère exclusif au fil des décennies. Une bête de course délicate à pratiquer au quotidien, à réserver à un public de connaisseurs.

Icône des années 1960-1970, la berline deux portes, de loin la plus répandue, suscite davantage d'intérêt que la "lourde" Touring, qui attirera davantage l'amateur en quête d'originalité. Lequel se verra comblé en traquant l'un des rares cabriolets survivants, voire le baroque 2002 S. Mais quelle que soit la variante de carrosserie choisie, la série 02 pèche par son aérodynamique perfectible. L'épreuve de l'autoroute peut d'ailleurs se révéler très éprouvante. Sensible au vent latéral, la fluette BMW devient très bruyante une fois passé le cap des 120 km/h. Handicapé par la démultiplication assez courte de la transmission – la boîte optionnelle à cinq rapports constitue aujourd'hui un réel avantage –, le moteur hurle à haut régime sans se soucier des tympans des passagers, se conjuguant à des sifflements aérodynamiques omniprésents. Malgré une direction un peu lourde, la BMW s'avère bien plus agréable à piloter sur les petites départementales du réseau secondaire, là où sa maniabilité et son poids contenu font merveille. Particulièrement homogène, cette propulsion-type se caractérise par la grande sécheresse de ses suspensions, sacrifiant délibérément le confort sur l'autel de la tenue de route. Car les barres stabilisatrices modèrent efficacement le roulis en virage, et les freins assument leur tâche

Un réseau efficace qui contribue pour beaucoup à fidéliser la clientèle. (Karl Attenberger/BMW AG/BMW Group Archiv)

L'égérie d'une jeunesse avide de liberté et de grands espaces. (BMW AG/BMW Group Archiv)

Une 2002 surprise dans le flot de la circulation d'une grande ville allemande, au début des années 1970. (BMW AG/BMW Group Archiv)

Ce cabriolet 2002 S de 1974 doit passer par une étroite fenêtre de l'hôtel Russel de Londres, afin d'y être exposé. (BMW AG/BMW Group Archiv)

sans faiblir. Néanmoins, la monte pneumatique apparaît quelque peu sous-dimensionnée en regard de nos critères modernes. Les excès d'optimisme risquent fort de se traduire par un décrochage brutal du train arrière, notamment sur revêtement humide. On peut alors regretter l'absence du pont autobloquant optionnel, bien utile pour contrôler une motricité parfois délicate. Quelques menus défauts qui trahissent vraiment l'âge vénérable de la série 02, mais qui n'en amenuisent nullement la légende...

LES AFFRES DE LA CORROSION PERFORANTE

La BMW a connu une longue traversée du désert avant de revenir en force sur le marché de la collection. Maltraités plus que de raison, beaucoup d'exemplaires ont souffert d'une utilisation intensive. Ce n'est un secret pour personne, le talon d'Achille de la série 02 réside dans son extrême sensibilité à la corrosion.

Une publicité de 1980, confrontant les deux générations de "petites" BMW. La série 02 est encore dans les mémoires, nonobstant le succès de la nouvelle série 3. (BMW AG/BMW Group Archiv)

La première BMW massivement exportée sur le marché américain. (BMW AG/BMW Group Archiv)

Une très bonne affaire à l'occasion, idéale pour s'initier à la conduite sportive à moindre coût. (BMW AG/BMW Group Archiv)

Assemblées avec des tôles de qualité très moyenne, mal ou très peu protégées, les BMW de cette génération rouillent allégrement. N'en déplaise à certains clichés, elles n'ont rien à envier à leurs rivales transalpines de la grande époque. Dénicher un exemplaire sain n'est donc pas une mince affaire, et il convient d'examiner avec attention le véhicule convoité avant d'en faire l'acquisition. La structure monocoque se révèle particulièrement vulnérable, notamment dans sa partie arrière. Les planchers, les bas de caisse et les passages de roue s'avèrent souvent en piteux état. Sur les voitures bien attaquées, les chapelles d'amortisseurs très abîmées se découpent au niveau des passages de roue. Même problème pour les supports de la traverse arrière, qui peuvent se rompre si la corrosion a fait son œuvre. Le démontage des ailes avant boulonnées révèle parfois bien des mauvaises surprises. Leur extrémité se montre sensible à la rouille, laquelle peut aussi gangrener le masque de calandre, bien souvent très abîmé. Un tableau bien peu engageant qu'il convient néanmoins de nuancer. Car la série 02 suscite un engouement croissant de la part des amateurs. Les cotes s'en ressentent et favorisent des restaurations soignées.
Les exemplaires douteux sont beaucoup moins courants que naguère et la qualité du parc tend évidemment à s'améliorer. Le constructeur a pris conscience de l'enjeu en développant la structure BMW Classic, qui dispose d'un épais catalogue. Le département est en mesure de fournir bon nombre de pièces réputées introuvables. La qualité est au rendez-vous, même si les tarifs pratiqués restent plutôt élevés. Plusieurs spécialistes indépendants officient également outre-Rhin. Point fort de la belle Allemande, sa robustesse mécanique est indéniable. Selon les standards de l'époque, toutefois, ce qui ne signifie pas indestructible pour autant. Les consommables sont aisément disponibles et permettent d'entretenir sans aucun souci un modèle sans surprises très bien conçu à l'origine. Le bloc-moteur n'est guère capricieux, mais il a tendance à consommer de l'huile après avoir passé le cap des 100 000 km. Les carburateurs prennent du jeu avec l'âge, et l'injection n'apprécie pas l'inaction, au risque de se gripper. Certains préfèrent remplacer les Solex délicats à régler lorsqu'ils vieillissent par des Weber plus faciles à vivre. Parfois brusquée par des conducteurs très (voire trop) sportifs, la boîte de vitesses révèle une faiblesse au niveau du synchro de seconde, sollicité plus que de raison. Les ponts "chantants" annoncent des roulements en fin de vie. Enfin, citons le boîtier de direction, dont l'imprécision manifeste une usure prononcée.

Celebrating 2002? 389,544 people are way ahead of you.
For many, the celebration began in 1968, when the first B
genuine sports sedan was born, and with it an entirely new breed of enthusiasts, as well as legions of imitators. Decades later, the BMW 2002 continues to be trea

Les propriétaires de BMW sont des clients fidèles, comme le rappelle cette publicité publiée en… 2002. (BMW AG/BMW Group Archiv)

En onze ans de carrière, la série 02 n'a guère connu d'évolutions esthétiques, mais elle n'a cessé de croître en puissance. (BMW AG/BMW Group Archiv)

LA SÉRIE 02
AU FIL DES ANS

Sur tous les modèles, la plaque-constructeur est fixée dans la doublure de l'aile avant droite.
Le numéro de série est également frappé à froid à proximité du compas d'ouverture du capot-moteur, côté droit.
Le numéro de moteur est frappé sur le côté gauche du bloc-cylindres, au-dessus de la dynamo.

La toute première 1600 Jubilé de 1966 brille par sa sobriété. (BMW AG/BMW Group Archiv)

Apparue dans la foulée, la 1600 Ti, une déclinaison sportive aussi discrète et qu'efficace. (BMW AG/BMW Group Archiv)

Si élégant soit-il, le premier type de cabriolet souffre d'une rigidité perfectible. (BMW AG/BMW Group Archiv)

Millésime 1966
(du 1er septembre 1965 au 31 août 1966)

- **Les châssis n° 1 500 001 à 1 504 600 environ désignent les Jubilé 1600.**

La nouvelle berline deux portes 1600 Jubilé type "114" est présentée lors du Salon de Genève en mars. Bloc-moteur 1 573 cm³. Carrosserie inspirée de la berline à quatre portes. Calandre de la BMW 1800, butoirs de pare-chocs seulement montés à l'avant. Poupe spécifique, couvercle de coffre sans retombée, feux arrière circulaires reliés par une baguette enjoliveur horizontale. Monogramme "BMW 1600" sur le panneau arrière. Planche de bord formant tablette vide-poches, console à trois cadrans ronds, volant avec moyeu et branches intégrées.

Tarifs
1600 Jubilé : 13 880 F (supplément toit ouvrant + 1 150 F)

Millésime 1967
(du 1er septembre 1966 au 31 août 1967)

- **Les châssis n° 1 504 600 à 1 531 000 environ désignent les Jubilé 1600.**

Les enjoliveurs de roue sont simplifiés et perdent leur flasque périphérique. Dès le mois de novembre 1966, l'assistance de freinage est montée en série.

Tarifs
1600 Jubilé : 13 880 F (supplément toit ouvrant + 1 150 F)

Millésime 1968
(du 1er septembre 1967 au 31 août 1968)

- **Les châssis n° 1 531 000 à 1 850 000 environ désignent les Jubilé 1600.**
- **Les châssis n° 1 580 191 à 1 590 000 environ désignent les 1600 Ti.**
- **Les châssis n° 1 600 395 à 1 615 500 désignent les 2002.**

En septembre, présentation du cabriolet 1600 dérivé et de la version sportive 1600 Ti alimentée par deux carburateurs, avec monogramme spécifique sur la calandre et le panneau arrière. Planche de bord remaniée. Suppression du monogramme "BMW" et de la baguette chromée courant le long du tableau de bord. Un alternateur remplace la dynamo. En janvier, présentation de la 2002 lors du Salon de Bruxelles, calandre partiellement noire, volant trois branches, écusson spécifique sur le panneau arrière. Bloc-moteur 1 990 cm³, monogramme spécifique sur le panneau arrière.

Tarifs
1600 Jubilé : 13 880 F
1600 Ti : 15 500 F
1600 cabriolet : 19 980 F
Option toit ouvrant : 1 150 F

Millésime 1969

(du 1er septembre 1968 au 31 août 1969)

- **Les châssis n° 1 850 000 à… désignent les Jubilé 1600.**
- **Les châssis n° 1 590 000 à… désignent les 1600 Ti.**
- **Les châssis n° 1 615 600 à… désignent les 2002.**
- **Les châssis n° 1 680 170 à… désignent les 2002 Ti.**

En septembre, présentation de la 2002 Ti, version plus sportive de la 2002 standard, avec monogramme spécifique sur la calandre et le panneau arrière. Suppression de la 1600 Ti. Double circuit de freinage monté sur tous les modèles. Le compte-tours prend la place de la montre (cadran de droite), déplacée au centre de la planche de bord. Le monogramme du modèle et l'écusson "BMW" du panneau arrière sont repositionnés en dessous de la baguette décorative, face à la plaque d'immatriculation.

Tarifs

1600 Jubilé : 14 275 F
1600 cabriolet : 20 545 F
2002 : 15 940 F
2002 Ti : 19 500 F
Option toit ouvrant : 1 300 F

Millésime 1970

(du 1er septembre 1969 au 31 août 1970)

- **Les châssis n° 2 240 000 à 2 656 000 environ désignent les Jubilé 1600.**
- **Les châssis n° 1 557 960 à 1 564 000 environ désignent les 1600 cabriolets.**
- **Les châssis n° 1 634 500 à 1 643 500 environ désignent les 2002.**
- **Les châssis n° 1 683 760 à 1 691 201 environ désignent les 2002 Ti.**

Aucune modification notable. En avril 1970, ceintures de sécurité avant montées en série.

Tarifs

1600 Jubilé : 16 400 F
1600 cabriolet : 23 500 F
2002 : 18 300 F
2002 Ti : 22 450 F

Options

Peinture métallisée : 600 F
Toit ouvrant : 1 600 F
Transmission automatique (2002) : 2 660 F
Boîte de vitesses mécanique à cinq rapports (2002 Ti) : 2 200 F
Pont autobloquant (2002 Ti) : 1 200 F

La 2002 standard apparaît dès le mois de janvier 1968. Le best-seller de la lignée… (BMW AG/BMW Group Archiv)

La 2002 Ti, ou l'archétype de la série 02. (BMW AG/BMW Group Archiv)

Le cabriolet 2002 S ne peut se prévaloir du charme de son prédécesseur. (BMW AG/BMW Group Archiv)

Un coupé-break Touring 1600 de 1971. (BMW AG/BMW Group Archiv)

Cette 2000 Touring arbore des jantes en alliage léger et des projecteurs additionnels. La panoplie indispensable pour tout conducteur sportif qui se respecte... (BMW AG/BMW Group Archiv)

La 1600-02 Jubilé devient 1602 au printemps 1971. (BMW AG/BMW Group Archiv)

Millésime 1971

(du 1er septembre 1970 au 31 août 1971)

- **Les châssis n° 2 656 000 à 2 684 000 environ désignent les Jubilé 1600.**
- **Les châssis n° 1 564 000 à 3 500 600 environ désignent les 1600 cabriolets.**
- **Les châssis n° 1 643 000 à 2 643 000 environ désignent les 2002.**
- **Les châssis n° 1 691 201 à 2 701 300 environ désignent les 2002 Ti.**

Tous les modèles reçoivent un boîtier “Electronic Center” permettant le branchement rapide sur un banc de contrôle en concession. Des galons en caoutchouc sont montés sur les pare-chocs et les flancs de la caisse. Les retours de pare-chocs arrière sont allongés. La 1600 Jubilé adopte le volant à trois branches de la 2002. Sur tous les modèles, les commandes de chauffage sont encastrées et le cendrier déplacé. En février 1971, présentation du nouveau cabriolet 2002 muni d’un arceau, commercialisé seulement à partir de mai au sein d’une gamme remaniée. En mai 1971, la 1600 Jubilé et le cabriolet dérivé deviennent donc des 1602, tandis qu’une 1802 intermédiaire, animée par un bloc-moteur 1766 cm^3, s’intercale entre cette dernière et la 2002. La 2002 Ti s’efface devant la nouvelle 2002 Tii. Brièvement proposé avec la caisse du cabriolet 1602 sans arceau, le nouveau cabriolet 2002 adopte rapidement un arceau afin de satisfaire aux normes de sécurité nord-américaines, son principal débouché commercial.

Tarifs

1600 Jubilé : 17650 F
1600 cabriolet : 24800 F
2002 : 19350 F
2002 Ti : 23650 F

Options

Peinture métallisée : 660 F
Toit ouvrant : 2000 F
Transmission automatique : 2660 F
Boîte de vitesses mécanique à cinq rapports (2002 Ti) : 2400 F
Pont autobloquant (2002 Ti) : 1350 F
Pneumatiques à carcasse radiale : 220 F
Garnissage des sièges en cuir : 3470 F

Millésime 1972

(du 1er septembre 1971 au 31 août 1972)

- **Les châssis n° 2 684 000 à 3 950 000 environ désignent les 1602.**
- **Les châssis n° 3 500 600 environ à... désignent les 1802.**
- **Les châssis n° 2 643 000 à 3 511 000 environ désignent les 2002.**
- **Les châssis n° 2 701 300 à 2 713 000 environ désignent les 2002 Tii.**
- **Les châssis n° 3 352 000 à 3 423 000 environ désignent les Touring 1600 et 2000.**

Introduction du coupé-break Touring type "E6", en 1600 et 2000, la version 1800 n'étant pas commercialisée en France. Disparition du cabriolet 1602.

Tarifs

1602 : 19 300 F
1600 Touring : 21 200 F
1802 : 20 900 F
2002 : 21 900 F
2000 Touring : 22 950 F
2002 Tii : 26 900 F
2000 Tii Touring : 27 900 F
2002 cabriolet : 29 400 F
2002 S cabriolet (avec arceau) : 30 900 F

Millésime 1973

(du 1er septembre 1972 au 31 août 1973)

- **Les châssis n° 3 950 000 à... désignent les 1602.**
- **Les châssis n° 3 511 000 à... désignent les 2002.**
- **Les châssis n° 2 713 000 à... désignent les 2002 Tii.**
- **Les châssis n° 3 423 000 à... désignent les Touring 1600 et 2000.**

Aucune modification notable, excepté l'inversion de la commande d'ouverture du capot-moteur : le bouton poussé, et non plus tiré, verrouille ce dernier. La 1802, la 1600 Touring et le cabriolet 2002 sans arceau ne sont plus importés, sauf commande spéciale.

Tarifs

1602 : 20 000 F
2002 : 22 600 F
2000 Touring : 23 750 F
2002 Tii : 27 900 F
2000 Tii Touring : 28 700 F
2002 S cabriolet : 30 900 F

Options

Peinture métallisée : 700 F
Toit ouvrant : 2 150 F
Transmission automatique : 2 550 F
Boîte de vitesses mécanique à cinq rapports : 2 700 F
Pont autobloquant : 1 650 F
Vitres teintées : 850 F

La 2002 Tii détrône la Ti, son injection lui offrant quelques chevaux supplémentaires, ainsi qu'une consommation en légère baisse. (BMW AG/BMW Group Archiv)

Difficile à dompter, la très sauvage 2002 Turbo n'est pas à mettre entre toutes les mains. (BMW AG/BMW Group Archiv)

La 1802 intermédiaire, une Arlésienne en France... (BMW AG/BMW Group Archiv)

L'ultime 1502 achève sa carrière en 1977. Remarquez la calandre en plastique toute de noir vêtue, propre aux derniers millésimes. (BMW AG/BMW Group Archiv)

Millésime **1974**

(du 1er septembre 1973 au 31 août 1974)

- **Les châssis n° 3 919 000 à 3 942 000 environ désignent les 1602.**
- **Les châssis n° 3 580 000 à 3 590 000 environ désignent les 1802.**
- **Les châssis n° 3 649 000 à 3 674 000 environ désignent les 2002.**
- **Les châssis n° 2 719 000 à 2 730 000 environ désignent les 2002 Tii.**
- **Les châssis n° 3 580 000 à 3 590 000 environ désignent les 2002 Touring.**

En septembre, présentation de la 2002 Turbo type "E20", qui sera commercialisée ultérieurement. La 1802 est à nouveau disponible au catalogue français, ainsi que la 2002 standard, suspendue quelques mois durant. La Touring adopte aussi la dénomination finale "02". Sur tous les modèles, calandre et entourage des phares entièrement noirs. Roues à fixation apparente. Volant avec moyeu rembourré. Voies avant et arrière élargies de 18 mm. Pare-brise Triplex, sauf sur 1602. Sièges avant équipés d'appuie-tête. Nouveaux feux arrière rectangulaires (excepté sur Touring), écusson "BMW" déplacé sur le couvercle du coffre et monogramme repositionné au-dessus du feu arrière droit. Bandeau transversal remplacé par une baguette soulignant la plaque d'immatriculation. Lunette arrière dégivrante et phares à iode livrés de série sur 2002 et 2002 Tii. Contenance du réservoir d'essence portée à 51 litres, au lieu de 46 précédemment (excepté sur Touring).

Tarifs

1602 : 22 700 F
1802 : 24 600 F
2002 : 26 000 F (+2 600 F avec transmission automatique)
2002 Touring : 26 900 F
2002 Tii : 31 500 F
2002 Tii Touring : 32 000 F
2002 S cabriolet : 33 600 F

Reconnaissables à leurs feux arrière rectangulaires, les séries 02 post-1973 sont facilement identifiables dans la circulation. Le coupé-break conservera jusqu'à la fin les anciens feux circulaires. (BMW AG/BMW Group Archiv)

Hormis son volant à trois branches, le tableau de bord standard du millésime 1971 n'a pratiquement pas évolué depuis le lancement du modèle. (BMW Group Classic)

Millésime 1975

(du 1er septembre 1974 au 31 août 1975)

- **Les châssis n° 3 942 000 à... désignent les 1602.**
- **Les châssis n° 3 590 000 à... désignent les 1802.**
- **Les châssis n° 3 674 000 à... désignent les 2002.**
- **Les châssis n° 2 730 000 à... désignent les 2002 Tii.**
- **Les châssis n° 3 430 000 à... désignent les 2002 Touring.**
- **Les châssis n° 4 290 000 à... désignent les 2002 Turbo.**

Une finition Luxe (signalée par un monogramme "L" sur le panneau arrière) est proposée en option et comprend une lunette arrière chauffante, un bouchon de réservoir d'essence fermant à clé, des appliques de bois sur le tableau de bord, les contre-portes et la console centrale. Elle comprend également un volant à jante rembourrée, des accoudoirs et des vide-poches montés sur les contre-portes. La banquette arrière est elle aussi agrémentée d'un accoudoir central et de vide-poches fixés sur les dossiers des sièges avant. Le coffre est garni d'une moquette en guise de tapis de sol. En janvier 1975, lancement de la 1502 à la finition simplifiée. Bloc-moteur de la 1602 modifié pour fonctionner à l'essence ordinaire, puissance limitée à 75 ch. Les premiers exemplaires sont livrés dès le mois de mars.

Tarifs

1502 (à partir de mars 1975) : 23 900 F
1602 : 25 300 F
1802 : 27 400 F
2002 : 29 000 F (+2 600 F avec transmission automatique)
2002 Touring : 30 000 F
2002 Tii : 35 300 F
2002 Tii Touring : 35 700 F
2002 cabriolet : 37 600 F
2002 Turbo : 46 700 F
Option Luxe : + 1 508 F

Millésime 1976

(du 1er septembre 1975 au 31 août 1976)

- **Les châssis n° 4 156 000 à... désignent la 1502.**

La série 02 s'efface devant la nouvelle gamme E21, excepté la 1502 de base, disponible en France jusqu'à la fin du millésime. Les ultimes exemplaires assemblés sont vendus sur stock jusqu'en 1977.

Tarif

1502 : 25 500 F

Le tableau de bord introduit à l'automne 1973 arbore un volant rembourré à quatre branches. (BMW AG/BMW Group Archiv)

Le nuancier d'époque est plus fourni qu'il n'y paraît. (BMW Group Archiv)

2- und 3türige 4-Zylinder-Modelle
2- and 3-door 4-cylinder models
Modèles 4-cylindres à 2- et 3-portes
S 21/20
S 50/39
S 70/92
K 14/20
K 43/39
K 68/92
K 88/92
4türige 4-Zylinder-Modelle
4-door 4-cylinder models
Modèles 4-cylindres à 4-portes
S 04/05
S 38/39
S 69/92
K 13/05
K 43/39
K 68/92
K 88/92
4türige 6-Zylinder-Modelle
4-door 6-cylinder models
Modèles 6-cylindres à 4-portes
S 12/20
S 42/39
S 55/92
K 08/20
K 49/39
K 94/92
Coupé-Modelle
Coupe-models
Modèles coupés
S 12/20
S 42/39
S 55/92
K 08/20
K 49/39
K 94/92

Le 250 000e exemplaire de la berline *Neue Klasse* et de la série 02 est assemblé en 1967.
(BMW AG/BMW Group Archiv)

CARACTÉRISTIQUES
TECHNIQUES

BMW 1600 JUBILÉ ET 1602 * **

Coque et suspension

Caisse autoporteuse. Carrosserie en acier.
Suspension à quatre roues indépendantes, train avant type McPherson, triangles inférieurs et ressorts hélicoïdaux inclinés, amortisseurs télescopiques hydrauliques.
Train arrière à triangles longitudinaux, ressorts hélicoïdaux, amortisseurs hydrauliques télescopiques.
Freins à commande hydraulique, disques sur les roues avant, tambours sur les roues arrière, assistance en option.
Frein à main mécanique sur les roues arrière.
Boîtier de direction Gemmer à vis globique et galet.
Rayon de braquage : 4,85 m.
Pneumatiques : 165 SR 13 sur jantes de 5 pouces.

Moteur

Quatre cylindres type M10 en ligne en position longitudinale avant, incliné à 30°, 1 573 cm^3, 84 x 71 mm.
Vilebrequin à cinq paliers.
Taux de compression : 8,6 à 1.
Bloc en fonte, culasse en alliage léger, un arbre à cames en tête, distribution par chaîne.
Alimentation par un carburateur inversé Solex simple corps 36-38 PDSI.
Allumage par bobine et distributeur.
Graissage sous pression par pompe à engrenage.
Contenance du carter : 4,25 l. Batterie 6 V 77 Ah.
Refroidissement par eau. Contenance du circuit : 7 litres.
Puissance maximale : 85 ch DIN à 5 700 tr/min, 12,6 mkg à 3 000 tr/min.

Transmission

Propulsion. Boîte de vitesses mécanique à quatre rapports synchronisés type Porsche (puis cinq en option).
Embrayage monodisque à sec Fichtel & Sachs à commande hydraulique.
Couple conique hypoïde : 9 x 37. Rapport du couple : 4,11 à 1.
Première : 3,835. Seconde : 2,053. Troisième : 1,345.
Quatrième : 1,345. Marche arrière : 4,180.
Vitesse théorique aux 1 000 tr/min en quatrième : 26,5 km/h.

Dimensions, poids et performances

Longueur : 4,23 m. Largeur : 1,59 m. Voies avant/arrière : 1,32 m.
Hauteur : 1,41 m. Empattement : 2,50 m.
Poids à vide : 930 kg (495 kg à l'avant, 435 à l'arrière).
Réservoir d'essence : 46 litres. Vitesse maximale : 160 km/h.

1600 Ti – différences

Barres stabilisatrices à l'avant et à l'arrière.
Différentiel à glissement limité (40 %) en option.
Taux de compression : 8,6 à 1.
Alimentation par deux carburateurs Solex double corps 40 PHH.
Batterie 12 V 44 Ah.
Poids à vide : 960 kg.
Puissance maximale : 105 ch DIN à 6 000 tr/min, 13,4 mkg à 4 500 tr/min.
Rapport du couple : 3,90 à 1.
Vitesse maximale : 175 km/h.

1502 – différences

Taux de compression : 8 à 1.
Alimentation par un carburateur inversé Solex simple corps 38 PDSI.
Poids à vide : 980 kg.
Puissance maximale : 75 ch DIN à 5 800 tr/min, 12 mkg à 3 700 tr/min.
Vitesse maximale : 155 km/h.

1802* – différences

Moteur 1 766 cm^3, 89 x 71 mm. Taux de compression : 8,6 à 1.
Alimentation par un carburateur inversé Solex simple corps 38 PDSI.
Poids à vide : 980 kg.
Puissance maximale : 90 ch DIN à 5 250 tr/min, 14,6 mkg à 3 000 tr/min.
Vitesse maximale : 165 km/h.

2002* *** – différences

Pneumatiques : 165 HR 13 sur jantes de 5 pouces.
Moteur 1 990 cm^3, 89 x 80 mm. Taux de compression : 8,5 à 1.
Alimentation par un carburateur inversé Solex simple corps 40 PDSI.
Transmission automatique ZF à trois rapports et convertisseur de couple en option, en plus des boîtes de vitesses manuelles à quatre ou cinq rapports.
Poids à vide : 990 kg.
Puissance maximale : 100 ch DIN à 5 500 tr/min, 16 mkg à 3 500 tr/min.
Rapport du couple : 3,64 à 1.
Vitesse maximale : 170 km/h.

2002 Ti* – différences

Taux de compression : 9,3 à 1.
Alimentation par deux carburateurs Solex 40 PHH.
Puissance maximale : 120 ch DIN à 5 500 tr/min, 17 mkg à 3 600 tr/min.
Vitesse maximale : 185 km/h.

MODÈLES DÉRIVÉS

2002 Tii * – différences

Taux de compression : 9,5 à 1. Injection indirecte Kugelfischer.
Poids à vide : 1 010 kg.
Puissance maximale : 130 ch DIN à 5 800 tr/min,
18 mkg à 4 000 tr/min.
Vitesse maximale : 190 km/h.

2002 Turbo – différences

Pneumatiques : 185/70 VR13 sur jantes de 5,5 pouces.
Largeur : 1,62 m. Voies avant/arrière : 1,37 m/1,36 m.
Taux de compression : 6,3 à 1.
Injection indirecte Kugelfischer.
Suralimentation par turbocompresseur KKK.
Poids à vide : 1 035 kg.
Réservoir d'essence : 70 litres. Puissance maximale :
170 ch DIN à 5 800 tr/min, 24,5 mkg à 4 000 tr/min.
Rapport du couple : 3,36 à 1.
Vitesse maximale : 210 km/h.

* Le coupé-break Touring a une longueur hors-tout de 4,11 m et pèse 50 kg de plus que le coach standard.
Réservoir porté à 51 litres.
** Le cabriolet Baur 1600 pèse 960 kg.
*** Le cabriolet Baur 2002 pèse 980 kg, tandis que la seconde version munie d'un arceau atteint 990 kg.

La série 02 est étroitement dérivée de la berline 1500 type "115" et de ses évolutions ultérieures.
Longueur : 4,50 m. Largeur : 1,65 m.
Voies avant/arrière : 1,32 m/1,37 m. Hauteur : 1,45 m.
Empattement : 2,55 m.
Poids à vide : de 1 060 à 1 170 kg selon la motorisation.
La berline E3 six-cylindres reprend également la plateforme de son aînée, avec un empattement allongé et des voies élargies.
Longueur : 4,70 m (4,80 m en version longue).
Largeur : 1,75 m.
Voies avant/arrière : 1,42 m/1,44 m.
Hauteur : 1,45 m. Empattement : 2,69 m (2,79 m en version longue).
Poids à vide : de 1 330 à 1 470 kg environ selon l'empattement et la motorisation.
Le coupé 2000 C/CS type "121" reprend le bloc 1 990 cm^3 en configuration 100 ch DIN (coupé C) et 120 ch DIN (coupé CS).
Longueur : 4,53 m. Largeur : 1,67 m.
Voies avant/arrière : 1,33 m/1,37 m. Hauteur : 1,36 m.
Empattement : 2,55 m. Poids à vide : 1 200 kg.
Le coupé E9 six-cylindres reprend la caisse de son prédécesseur, mais avec un empattement allongé, une longueur supérieure et des voies élargies.
Longueur : 4,66 m. Largeur : 1,67 m.
Voies avant/arrière : 1,44 m/1,40 m.
Hauteur : 1,37 m.
Empattement : 2,62 m.
Poids à vide : de 1 200 à 1 400 kg environ selon la motorisation.

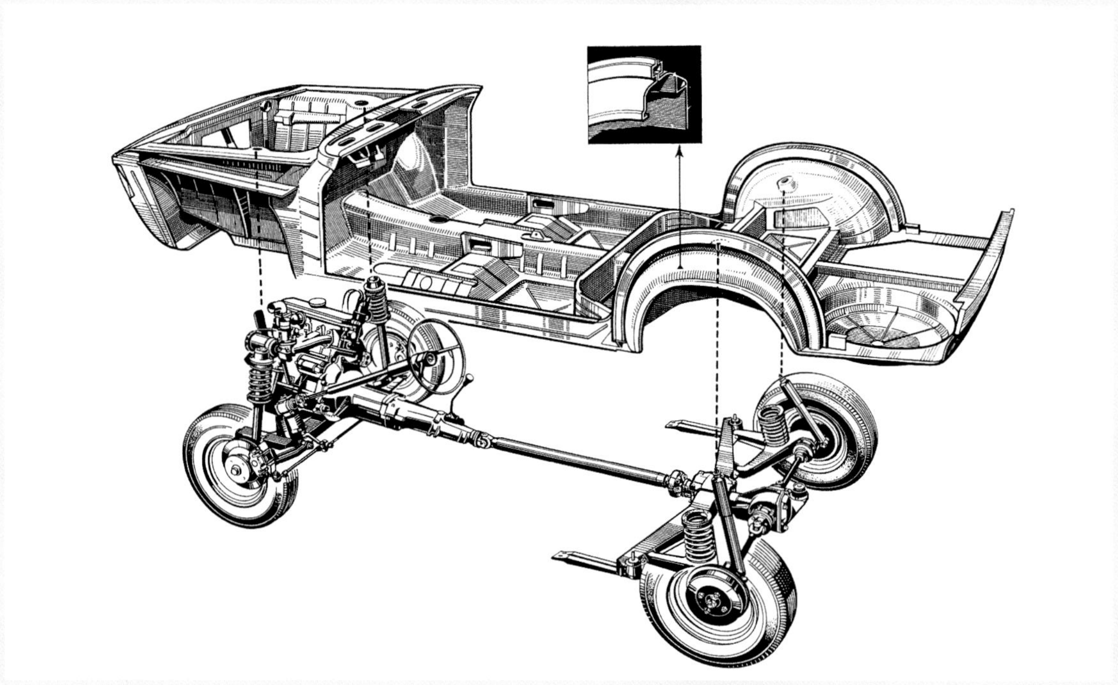

La série 02 est établie sur la plateforme raccourcie de la berline *Neue Klasse*. (BMW AG/BMW Group Archiv)

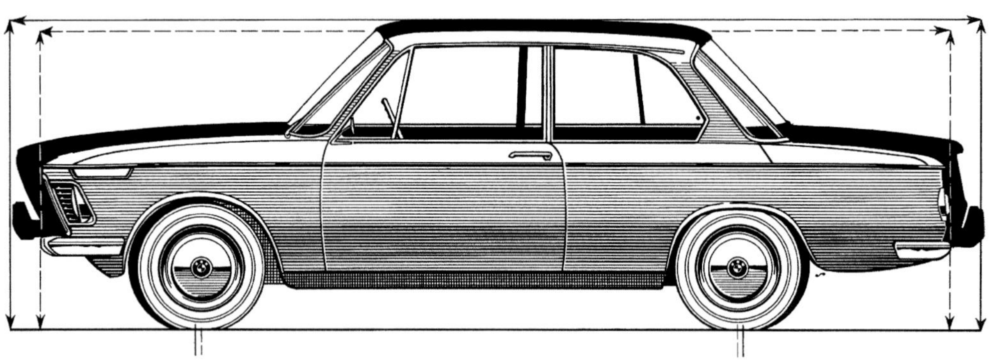

Plus compacte, la série 02 pèse 130 kg de moins que la berline quatre portes. (BMW AG/ BMW Group Archiv)

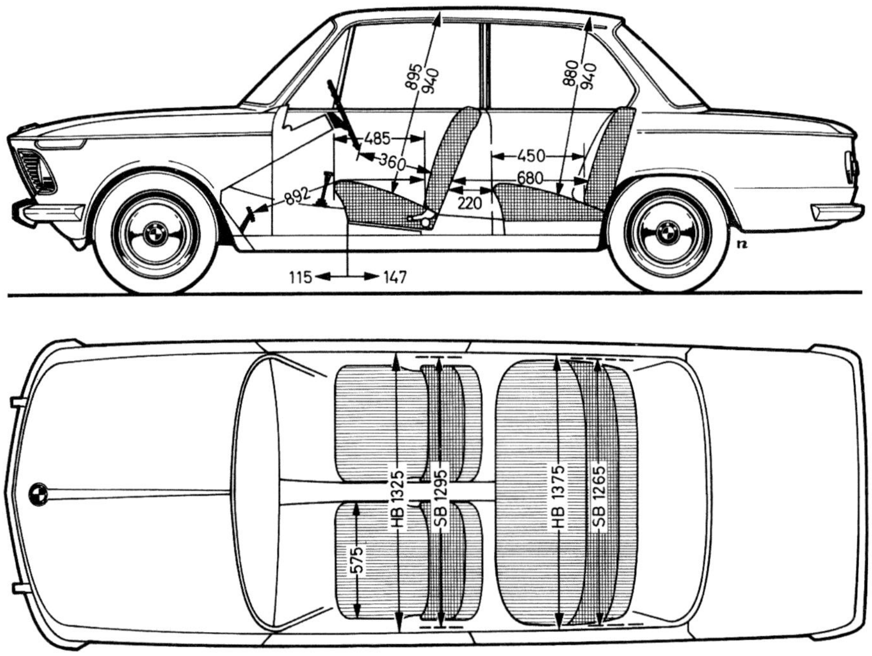

Les dimensions intérieures de la berline deux portes. (BMW AG/BMW Group Archiv)

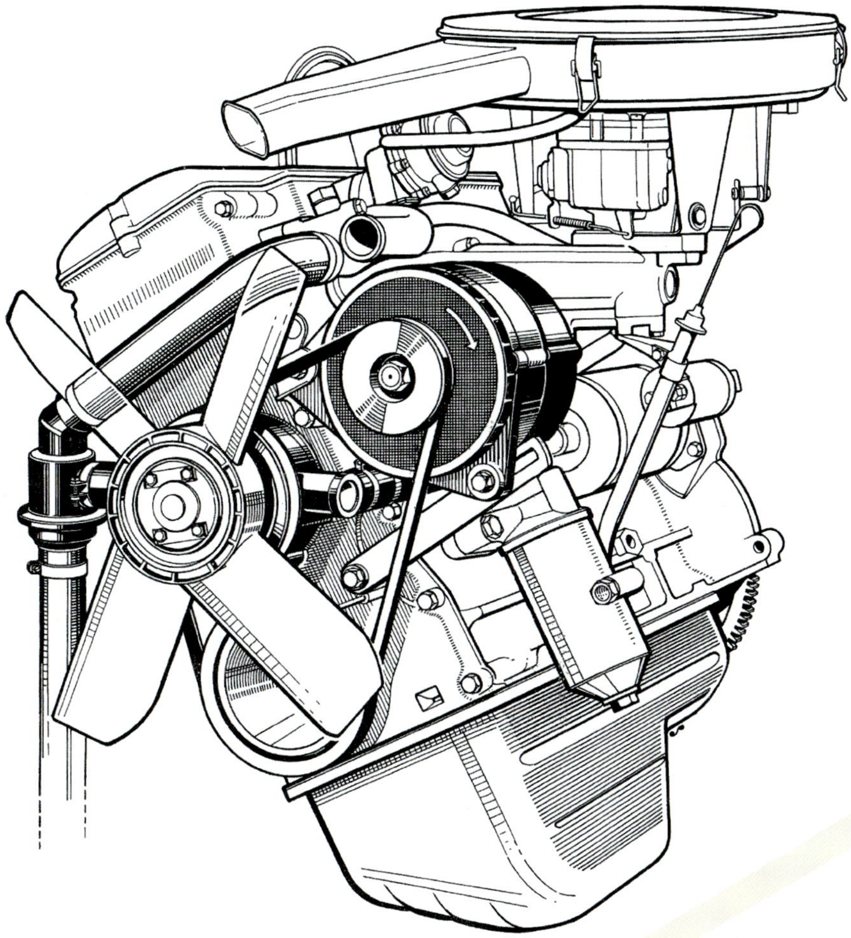

Le bloc-moteur de la 1600 Jubilé. (BMW AG/BMW Group Archiv)

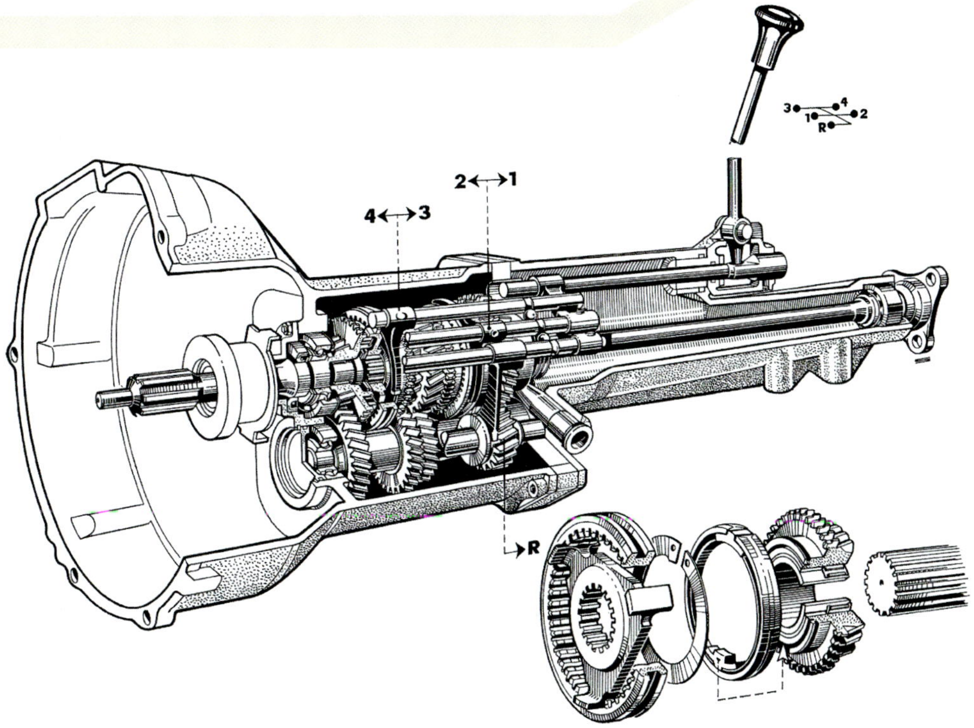

La boîte de vitesses à quatre rapports entièrement synchronisés est dotée d'origine d'une commande au plancher, d'un maniement plus "sportif" que celui de ses concurrentes, dont la plupart se contentent encore d'un levier au volant. (BMW AG/BMW Group Archiv)

Le coupé-break Touring est
légèrement plus court que
la berline deux portes.
(BMW AG/BMW Group Archiv)

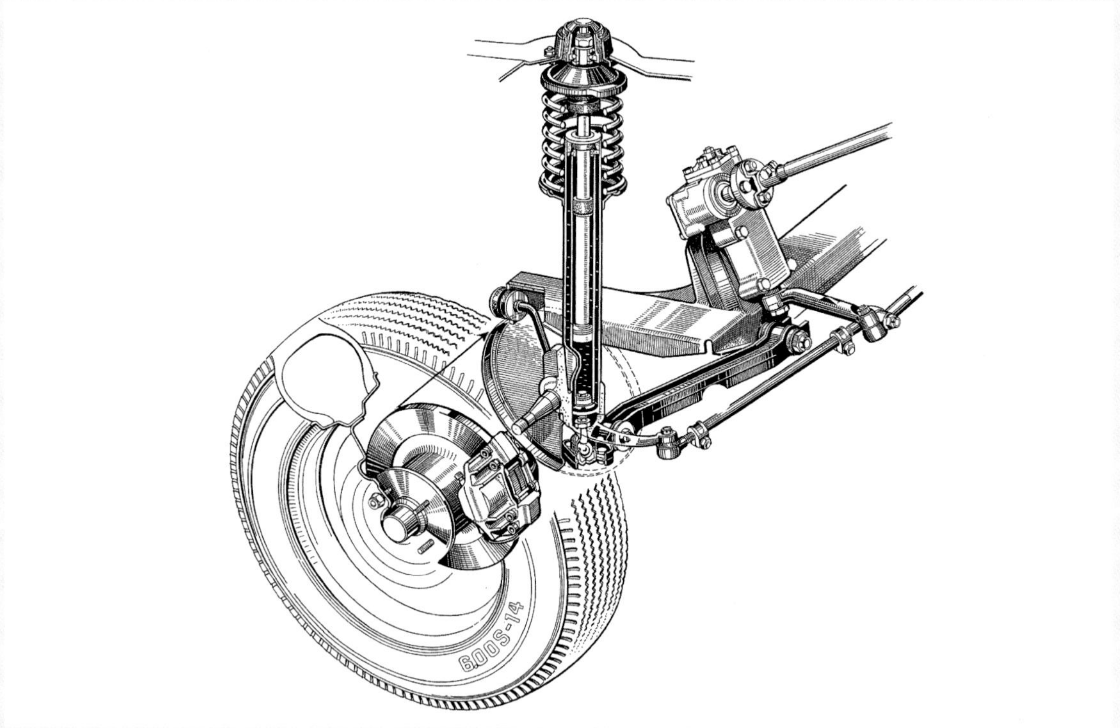

Le train avant adopte le schéma
McPherson.
(BMW AG/BMW Group Archiv)

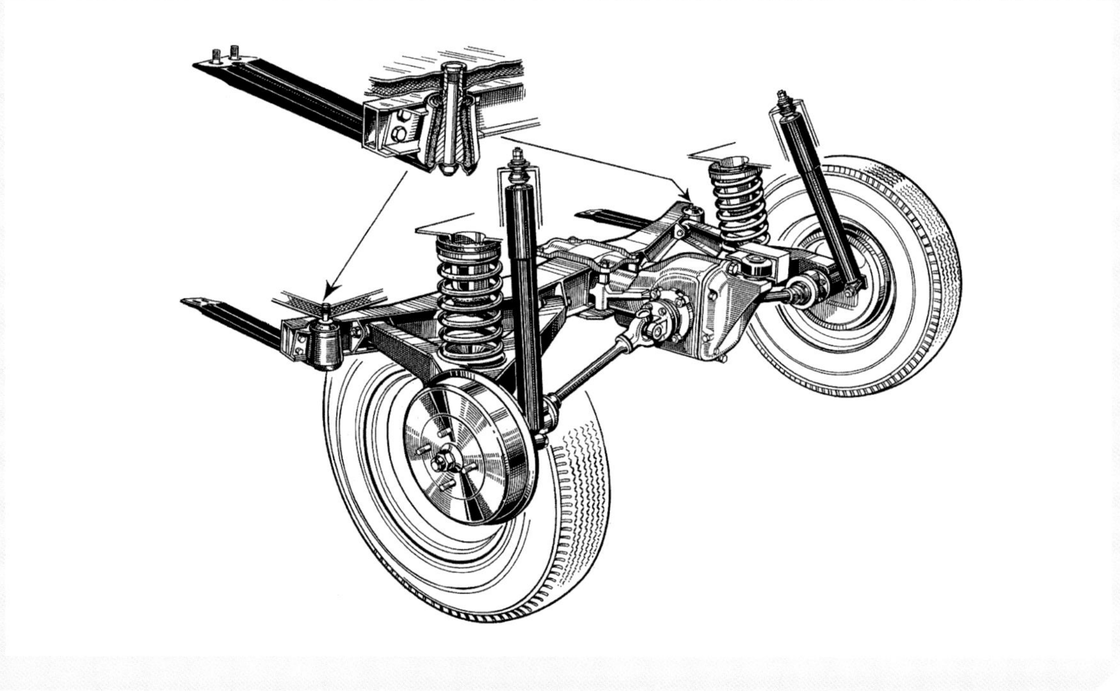

La suspension arrière
indépendante procure
une excellente tenue
de route à la petite BMW.
(BMW AG/BMW Group Archiv)

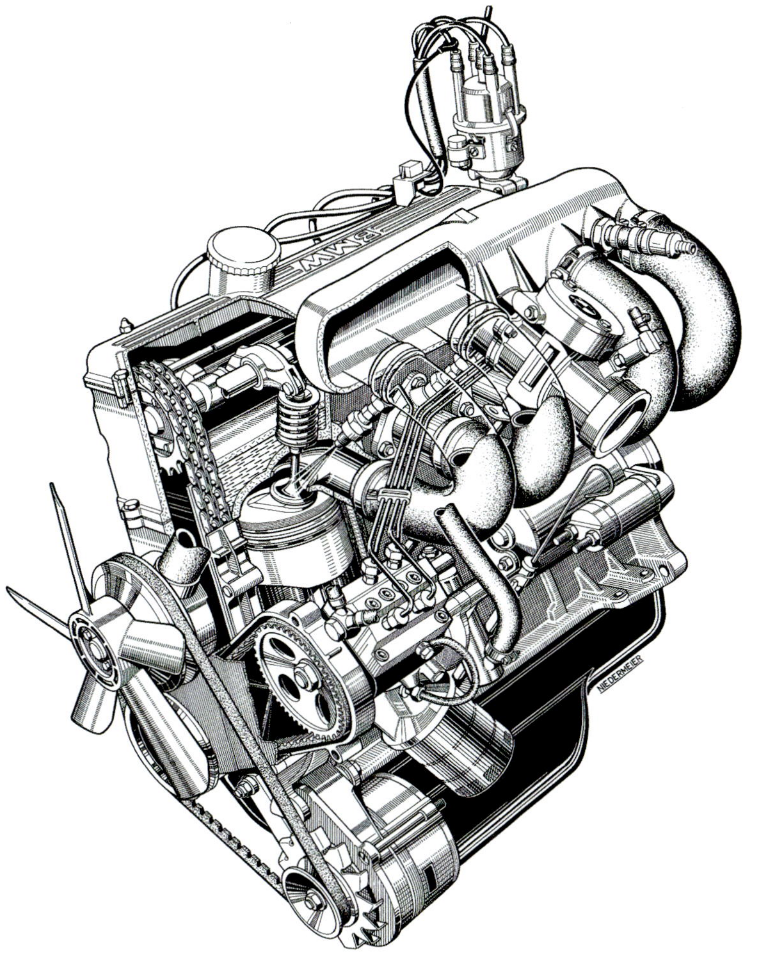

Le bloc à injection de la 2002 Tii. (BMW AG/BMW Group Archiv)

Le bloc suralimenté de la 2002 Turbo de série. (BMW AG/ BMW Group Archiv)

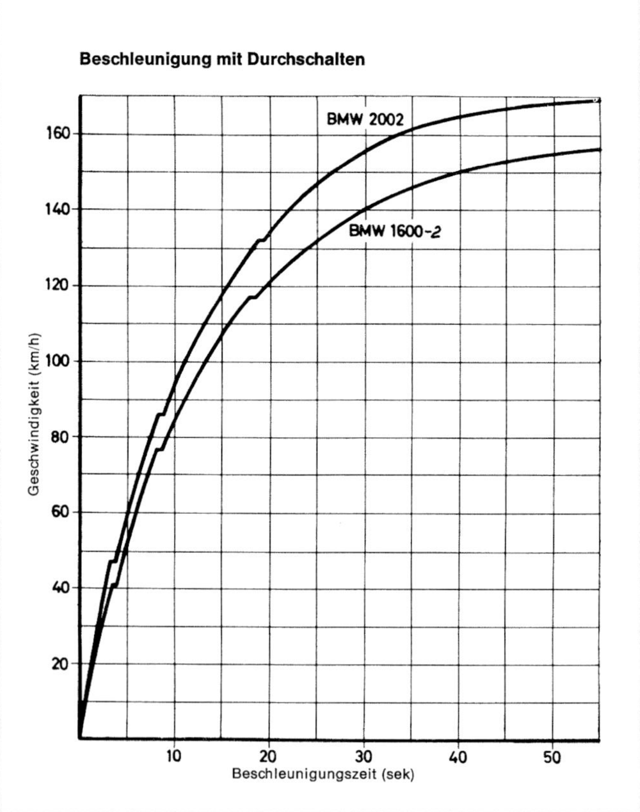

Les courbes d'accélération comparées de la 1600-02 et de la 2002. (BMW AG/BMW Group Archiv)

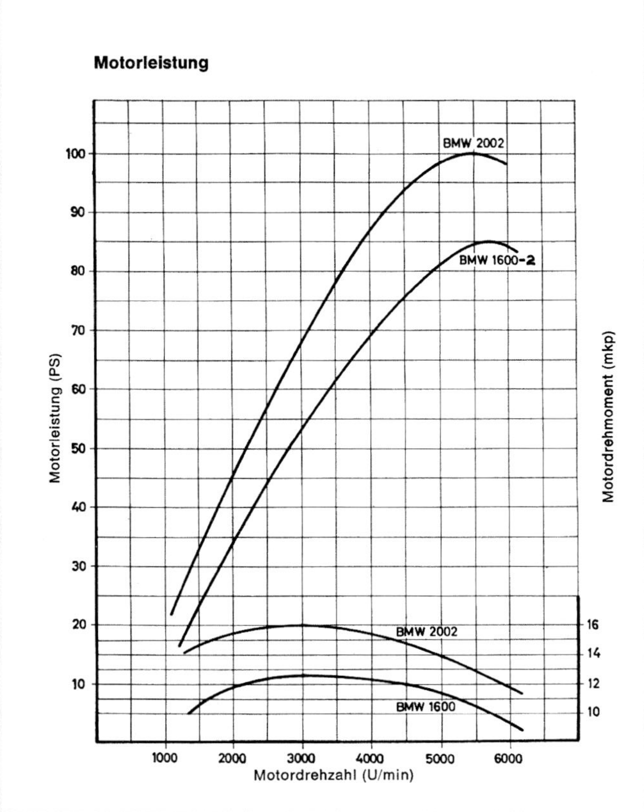

Les courbes de puissance et de couple comparées de la 1600-02 et de la 2002. (BMW AG/BMW Group Archiv)

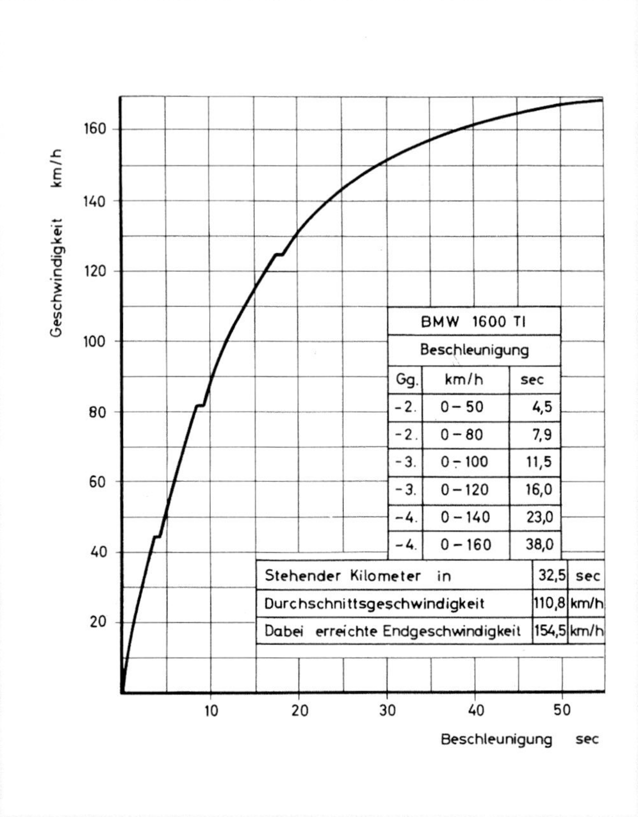

BMW 1600 TI		
Beschleunigung		
Gg.	km/h	sec
-2.	0 – 50	4,5
-2.	0 – 80	7,9
-3.	0 – 100	11,5
-3.	0 – 120	16,0
-4.	0 – 140	23,0
-4.	0 – 160	38,0

Stehender Kilometer in	32,5	sec
Durchschnittsgeschwindigkeit	110,8	km/h
Dabei erreichte Endgeschwindigkeit	154,5	km/h

La courbe d'accélération de la 1600 Ti. (BMW AG/BMW Group Archiv)

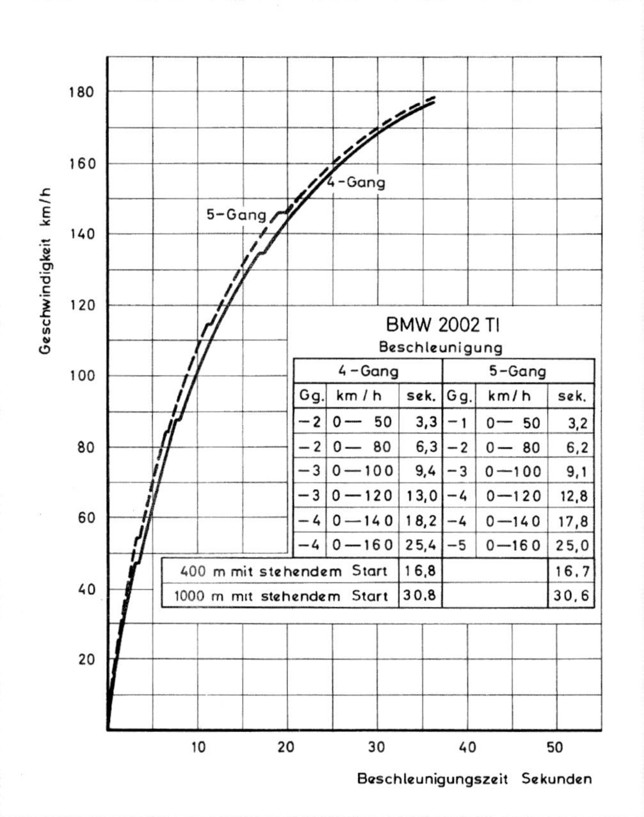

BMW 2002 TI Beschleunigung					
4-Gang			5-Gang		
Gg.	km / h	sek.	Gg.	km / h	sek.
-2	0 — 50	3,3	-1	0 — 50	3,2
-2	0 — 80	6,3	-2	0 — 80	6,2
-3	0 — 100	9,4	-3	0 — 100	9,1
-3	0 — 120	13,0	-4	0 — 120	12,8
-4	0 — 140	18,2	-4	0 — 140	17,8
-4	0 — 160	25,4	-5	0 — 160	25,0
400 m mit stehendem Start		16,8			16,7
1000 m mit stehendem Start		30,8			30,6

La courbe d'accélération de la 2002 Ti. (BMW AG/BMW Group Archiv)

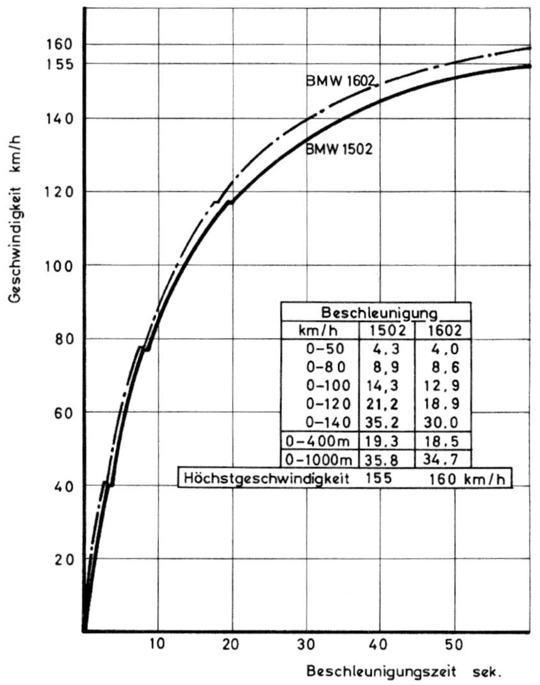

Les courbes d'accélération comparées de la 1502 et de la 1602. (BMW AG/BMW Group Archiv)

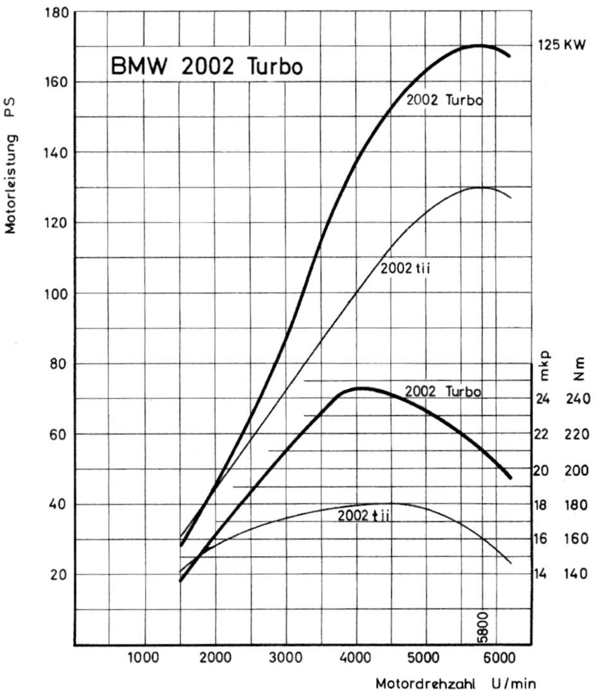

Les courbes de puissance et de couple comparées de la 2002 Tii et de la 2002 Turbo. (BMW AG/BMW Group Archiv)

REMERCIEMENTS

L'auteur tient à remercier tout particulièrement Lise Chantelauze et Brigitte Sanctorum pour leur aide à la réalisation de cet ouvrage, ainsi que Bernard Vermeylen et Michel Morelli, pour leurs souvenirs et pour le prêt de leurs précieuses archives, mais aussi le groupe BMW, en la personne de Ruth Standfuss.
Un clin d'œil à Claudine et Jean Latouille, pour leur soutien, ainsi qu'à Ivan Skolka.
Enfin, une pensée pour Thierry Astier, plus que jamais présent dans nos cœurs...

E-T-A-I
SAS au capital de 57 029 328 €
RCS 806 420 360 NANTERRE
Antony Parc 2
10, place du Général-de-Gaulle
92160 Antony
Accueil : 01 77 92 92 92
Télécopie : 01 46 99 31 55
www.infopro-digital.com
www.editions-etai.fr

Directeur de la publication : Julien Elmaleh
Mise en page : Valérie Salvo
Suivi éditorial : Lise Chantelauze

Dépôt légal : septembre 2020
Imprimé et relié en Europe
ISBN : 979-10-283-0442-3
ISSN : 2107-187X

FSC
www.fsc.org
MIXTE
Papier issu de sources responsables
FSC® C118234

Le groupe Infopro Digital, certifié ISO 14001, est engagé dans une démarche environnementale. Cet ouvrage est imprimé en Union européenne sur un papier issu de forêts gérées durablement.